Kelly老師的紅茶學苑——

英式下午茶的慢時光

維多利亞式的紅茶美學×沖泡美味紅茶的黃金法則

英式紅茶專家
楊玉琴Kelly —— 著

Part 1

下午茶的原點
品味維多利亞時代的優雅

Part 2

時尚英倫下午茶 朝聖必訪指標茶館

Part 3

時髦風尚茶生活
提升品味盡享茶趣・超人氣茶品牌推薦

Part 4

屬於你的一週Tea time 獨享或分享皆美好的紅茶滋味

開始享受英國紅茶獨有的魅力

紅茶雖然是來自亞洲、非洲的產物，而建立享受紅茶的文化卻是英國，「英國紅茶」這個名詞指的並非只是單純地飲用，更包含了許多在品嘗紅茶時，所享受的裝潢空間、使用的茶道具、禮儀等等這樣的「文化元素」。關於下午茶、高茶……在維多利亞時期所孕育出的英國飲茶時間，以及經由長遠歷史的飲茶文化所培養的混調實力，繼承著古典老鋪的品牌茶介紹，和可以體驗典雅美好午茶文化的飯店下午茶簡介……這本書詳細地撰寫了各種與紅茶相關的知識，以及美麗的照片、豐富的插圖。「下午茶層架如何品嘗才是好的順序？」、「推薦的紅茶品牌？」、「美味紅茶的沖泡重點？」這一本書絕對適合推薦給：想要在日常生活中更加享受紅茶的讀者，或是對紅茶文化感到興趣的讀者。

作者 Kelly Yang 在日本紅茶教室「Cha Tea」學習時，對於美味紅茶的沖泡技術、紅茶生產產地的知識、英國紅茶歷史、陶瓷器、銀器等知識，與紅茶有關的電影、文學等皆有充分廣泛的深度學習。充滿學習熱誠的 Kelly 為許多同樣學習紅茶的日本學生們，帶來正面的激勵，對於她這樣的熱情，我們非常感謝。

由衷地期望能以這本書為契機，在台灣能夠引起更多人對於英式紅茶的特有文化魅力感到興趣。

——Cha Tea 紅茶教室　立川碧

■原文刊載：

紅茶はアジアやアフリカで生産されている飲み物ですが、紅茶を楽しむ文化を形成したのは英国です。「英国紅茶」という言葉には、単に飲むだけでない、紅茶を頂く際の室内のインテリアや、器、マナーについてなど「文化的要素」が多く含まれています。アフタヌーンティー、ハイティーなど、ヴィクトリア朝に生まれた英国特有のお茶の時間。長い歴史の中で育まれてきた紅茶のブレンドの技術、それを継承する老舗ブランドのご紹介。古き良き紅茶文化を体感できるホテルのご案内など。この本には英国紅茶に関するさまざまな知識が、美しい写真、イラスト、詳細な文章で表現されています。「アフタヌーンティーのフードはどんな順番で食べれば良いの？」「お勧めの紅茶ブランドは？」「美味しい紅茶のポイントは？」日常生活の中でもっと紅茶を楽しみたい方、英国紅茶に興味のある方にぜひお勧めしたい一冊です。

著者のKelly Yangさんは、日本にある私たちのスクール「Cha Tea」で紅茶を勉強してくれました。紅茶を美味しく淹れる技術、紅茶生産国の知識、英国の紅茶の歴史、陶磁器や銀食器の知識、紅茶が登場する映画や文学への知識。その学びは広範囲でとても奥深いものでした。Kellyさんの紅茶に対する情熱は多くの日本人の紅茶を学ぶ学生に刺激を与えました。私たちは、その向学心に感謝しています。

この本をきっかけに、台湾でも英国紅茶の持つ文化的魅力に興味を持つ方が増えることを願います。

——Tea school Cha Tea 立川碧

紅茶教室

日本知名的英式紅茶文化推廣單位，在日本已有超過兩千名畢業生、十三間認定教室，教學內容涵蓋紅茶飲品知識、銀器、歷史文化、古典文物等。受邀至ＮＨＫ文化教室、早稻田大學及日本各大企業指導研習課程，並著有多本與英式紅茶文化相關著作。

徜徉紅茶文化之美的旅程

英式下午茶是由美麗的茶具、點心，以及輕鬆的氣氛建構而成的優雅世界，找到簡單自在的方式享受下午茶，將這樣的美好帶入生活，是擔任多年講師的我，最想傳達的一件事。

當我在日本學習時，因為走遍各式紅茶館，品嘗世界各國品牌紅茶，參加各種講座的經驗，讓我突破原本的框架，懂得用更寬廣的角度去欣賞紅茶。慢慢地將目光從桌上的紅茶、點心、茶具、古董、禮儀，延伸到飲茶空間的型態與英國歷史文化的層面。

我想，如果說紅茶的成分與人體的健康、各國水質分析這樣的課程，像是一種科學教育的話，那麼各種紅茶的沖泡方法、紅茶混調、英國點心的製作，就像是實習課程了，而參加茶會的方法、如何當一個稱職的主人與受歡迎的客人、茶會禮儀這類的學習，可以歸類為社會課程的話，那麼古董銀器鑑賞與維多利亞時代的學習，也可稱為人文歷史課程吧！各種類型的紅茶課程集結起來，或許就是兩百多年前女孩們所受的完整教育吧！隨著時間推移，我在新的課程中研究更多文化資料，也驚喜發現自己的生活方式，越來越接近維多利亞時代仕女（Lady）核心：從容有智慧，體會到美學教育的堆疊，對於人的影響，真的不是只有表面，Tea Time 是會滋潤到心靈的啊！

從單純探索一杯紅茶美味，到瞭解這杯紅茶對整個時代的影響力，這個過程是非常不可思議的，這些看似與紅茶飲品無關的維多利亞時代生活文化，跨越時空內化成為我教學時的重要養分，讓我能以更貼近生活的方式，將古代的繁文縟節說得簡單有趣，可以在現代的時空下也容易理解與學習。

除了最初在日本學習紅茶之外，至今也不斷往返日本、英國，還深入茶產區，參加各種紅茶茶會和研習會，除了拓展視野，更因此有機會結識各個領域的專家、各具特色的紅茶老師與茶界的前輩們，與他們愉快品茶談天的過程，讓我更深刻體驗英國 Tea Time 最重視與人交流的這一項意義，我想這是因為愛紅茶，而得到了重要的人生寶藏。

以前曾經說過在台灣談英式紅茶的書很少，因而想寫一本適合華人閱讀的午茶書籍的想法，在《英式下午茶的慢時光》出版五年後，現在成立了自己的紅茶教室，接觸各種年齡喜好不同的學員，承接國際級茶飲品牌、瓷器品牌、時尚品牌的茶會工作，還開辦茶文化相關展覽，這些經驗讓我更加清楚，身為台灣極少數紅茶文化老師的責任，除了積極鞭策自己，規律的以兩個月設計一個新課程的速度創作，同時更注重並調整基礎課程，開始有了想要寫一本不退流行、完成度更高的紅茶文化書籍的想法。

在增補本書篇章的時候，想起在教室推出新課程時，總是能得到學員們的喜愛，有很大的原因，其實是源自於大家對紅茶的熱情，想要支持像我這樣一位紅茶老師，所以，不僅包容我還不盡理想的部分，也大方的給我笑容與稱讚，因為這群紅茶粉絲的愛與關懷，才讓我有持續創作的機會，對此我想表達深深的感謝。

這世界總是快速運轉，努力奮鬥的教育法則，從沒提起奮鬥的盡頭在哪？也沒有人教導我們如何停下腳步休息，正在翻閱本書的你，是否能藉由這機緣，運用書中傳遞的 Tea Time 精神，在每天忙碌的日程中，喘口氣，對自己好一點呢？

最後，我想謝謝我的學員和夥伴，願我們每一天都因為紅茶的滋潤，讓生活更愉快精彩。

開始享受下午茶吧！

——楊玉琴 Kelly

下午茶 TQ 測一測——檢視你的茶品味

如果說測量認知能力的智商，簡稱為 IQ，那麼測驗你的茶品味，
就姑且稱為 TQ 吧！一起來測測看，自己對紅茶文化的認識有多少。

Q1 只要放上三層架就是正統英式下午茶嗎？

A 英式下午茶中的三層架，每一層的點心種類與擺放順序都有傳統的規矩，必須正確擺放、還要注意傳統細節，才能稱為正統英式下午茶。

Q2 伯爵茶就等於英國茶？

A 帶著佛手柑香氣的伯爵茶配方源自於英國，是很受歡迎的茶款，也可以說是英國茶的代名詞，但伯爵茶只是眾多英式茶款的一種知名選項，還有許多根據不同時段混調的茶品，例如：早餐茶、下午茶……也都是英國茶的代表。

Q3 喝紅茶一定要加糖、加牛奶？

A 每一種紅茶都有不同的特性，例如：以清香氣息知名的初摘大吉嶺紅茶，調了牛奶後容易掩蓋其清新香氣反而可惜，所以並不是所有的紅茶都適合加糖與牛奶。

Q4 紅茶很澀口？

A 如果茶包一直泡在杯中沒有在適當的時候拿出，茶湯才會覺得澀口，一般來說浸泡兩分鐘就可以萃取出茶的滋味，此時就應取出茶包。只要記得正確的沖泡方式，就能嘗到濃郁甜美不澀口的紅茶。

Q5 一個紅茶包只能沖泡一杯紅茶？

A 紅茶湯的色澤較深，容易讓人誤會味道也濃郁，所以常見到一個茶包沖泡一整壺，形成淡味紅茶的情形，原則上一個兩公克的茶包可根據個人喜好，搭配 150cc ～ 200cc 的熱水（也就是一杯紅茶）是最恰當的。

Q6 紅茶可以放很久？

A 一般而言紅茶未開封可保存兩年，開封後兩個月內是最佳的賞味期限，此外也要避免在開關的過程中曝露空氣中太久，一旦吸收了濕氣就很容易變味，與新鮮的紅茶香氣截然不同，最好購買小包裝趁鮮品嘗。

Q7 加入水果片就是好喝的水果茶？

A 只加入水果切片充其量只能增加微弱的水果香，如果想要嘗到味道酸甜濃郁的水果茶，就必須多一道程序，先將水果片與糖熬煮成蜜水果泥，然後在沖泡紅茶後調入蜜水果泥，這樣才能呈現水果茶特有的酸香甜美滋味。另外，使用滋味濃郁的市售果醬也是另一個便利快速的選擇。

Q8 選擇高級的礦泉水沖泡紅茶比較好？

A 礦泉水裡的礦物質過高反而會阻撓茶風味的釋放，乾淨的自來過濾水就是沖泡紅茶最好的水源，只要注意在沖茶前新鮮汲取以及確實煮沸，就能簡單沖泡出美味紅茶。

Q9 聽說喝紅茶對身體好？

A 紅茶除了有大家熟悉的茶多酚類、皂素等成分，對於防癌、抗菌、消炎有幫助；氟素可以保護牙齒，咖啡因提升新陳代謝、有助燃燒脂肪之外，最近受到注目的是，紅茶中富含茶黃素與茶紅素，對於抗氧化具有良好的效果，能夠延緩身體機能老化，達到抗衰老的作用。

Q10 過期紅茶包只能丟掉？

A 如果不小心過期了別急著丟，紅茶吸濕除臭的效果極佳，可以放在電話話筒凹槽、冰箱門邊架上，還有換季時的鞋櫃裡，只要定期更換茶包，就是最天然有效的除臭劑。

TQ 測驗結果

- 2 題以下：現在開始，跟著本書的循序說明，重新認識下午茶的精彩吧！
- 3 ～ 5 題：別只是喝茶聊天，書中下午茶的知識內涵，絕對讓你品味加分！
- 6 ～ 8 題：已能充分享受下午茶精髓，讓 Kelly 老師帶你進一步展現茶品時尚！
- 9 ～ 10 題：恭喜你！看完本書，紅茶生活達人非你莫屬！

Part 1

下午茶的原點

品味維多利亞時代的優雅

飲茶能夠這麼融入英國人的生活，成為英國代表的生活型態，是源自於皇室女王們對飲茶的喜愛。十九世紀維多利亞女王更將喝茶風氣普及到民間，一直到今天，優雅愜意的下午茶時光，已成為英國紅茶文化的象徵。

維多利亞式飲茶

談到英國你會想到什麼？鐵橋、大笨鐘、倫敦眼？維多利亞下午茶？只要說起維多利亞時代（西元一八三七～一九〇一年）一種優雅浪漫的印象油然而生，安靜午後的大片落地窗前，依著窗簾、刻工精細典雅的小原木桌上，沿著桌巾曲線優美的茶壺、映著陽光閃閃發亮的銀湯匙，蕾絲袖口白皙輕取杯緣的纖纖玉手，褐色大捲髮襯托著微笑臉龐……這樣輕鬆優美的飲茶畫面，可以說是維多利亞時代最具代表性的印象。

品味與富裕的象徵

「飲茶」之所以可以成為整個維多利亞時代印象的縮影，其悠閒輕鬆、美好生活的幸福感，恰恰反映了這個大英帝國最驕傲的經濟文化全盛時期。富裕的生活也讓這個時代的人們對於飲食非常講究，他們從遙遠的國度進口各種異國情調的香料，用於精心烹製的食品中。尤其在殖民地印度、錫蘭成功種植茶之後，「茶」更成為英國重要的經濟作物，隨之而來的產業效應，讓飲茶不只對於英國人的生活產生影響，更在經濟面上扮演著舉足輕重的角色。

1

這樣的變化，讓原本只在宮廷流傳的「茶」走向大眾，而當時的維多利亞女王對於推廣這樣促進經濟的產業更是不遺餘力。女王經常在公開場合以茶會（tea party）方式進行社交活動，再加上此時英國瓷器產業也漸趨成熟，美味的「茶」加上爭奇鬥艷的瓷器茶道具，茶桌布置成了展現品味的象徵，這多彩的茶文化，讓英式飲茶更趨成熟。倫敦高雅的飯店開始設置茶室（tea room），街上開始有了向大眾開放的茶館，以飲茶為主的茶會、舞會更成為一種社交主流。

一張茶桌帶給英國人們的除了口腹之慾的滿足之外，新古典主義、印象派、洛可可，這些聽來深奧的藝術風格也都可以輕鬆的從茶道具、布飾製品中欣賞，還有男女之間互相愉快的交流、談天，展現大時代的漸進平等及人文風情等等，所有反映時代進步的維多利亞式幸福元素，可以說都從這裡開始。

貝德芙公爵夫人引領午茶風尚

維多利亞時代也是英國快速發展與進步很重要的一個時期，歷史學家稱之為工業革命時期，科學進步使得運輸和貿易達到了前所未有的繁榮興旺，四通八達的鐵路交通貫穿東西南北。隨著交通發達對於原有的生活習慣也有著相當大的衝擊，因為人們開

下午茶小學堂

英國瓷器產業開始於18世紀初期，到了19世紀瓷器產業因飲茶習慣的普及，更加快速發展，例如：知名的瓷器品牌威基伍德（Wedgwood）於1759年誕生；斯波德（Spode）則於1770年創立。

1 維多利亞時代的下午茶。

2 十七世紀的歐洲皇室，對於有著白色金子美譽及充滿東方神祕色彩的藍白瓷器所著迷，當時的富貴人家，將擁有藍白東方瓷器視為品味時尚的象徵，十八世紀在歐洲人找到瓷器製作祕方時，高貴的藍白色調，自然成為爭相模仿的對象。無論是將其運用在擅長的庭園花卉中，或是直接擷取象徵東方戀情的比翼雙飛鳥，這樣的瓷器藝術風格，成為超越東西文化的新時尚潮流，至今仍然被世人喜愛，成為收藏家不可錯過的逸品。

3 維多利亞時代的茶壺與杯盤組，美麗精細的花紋令人賞心悅目。

始早出晚歸，飲食習慣也隨之更改。簡單來說，早餐提前了、中餐更簡便、而晚餐被延後，這麼一來午餐與晚餐的間距被拉長，而午餐與晚餐之中的四點左右需要增加一次輕食的時間，這其實就是下午茶誕生最主要的原因，而主角就是當時的新女性貝德芙公爵夫人。

相傳在一八四〇年，貝德芙公爵夫人安娜・瑪麗亞（Anna Maria）女士每到下午時刻，感覺肚子有點餓，此時距離穿著正式、禮節繁複的晚餐Party還有段時間，於是她就要女僕在她的起居室準備幾片塗上奶油的烤麵包以及茶，她覺得在這樣的時間品嘗茶與點心實在是相當美好的經驗。

之後安娜女士開始邀請知心好友們加入她在下午的聚會，伴隨著茶、點心與鮮花，同享輕鬆愜意的午後時光，一時之間，在當時貴族社交圈內蔚為風尚，名媛仕女趨之若鶩，「下午茶」一詞從此成為偷閒相聚的美麗代名詞，由於當時的維多利亞女王也非常喜愛這樣的交流方法，此後「維多利亞下午茶」更成為英國飲茶的代表。

品茶與階級

因為維多利亞女王的影響，飲茶成了全民活動，每一個階級享受茶生活的方式也不盡相同，當然最直接的就是反映在茶具、茶品的價格上了。然而，不論是哪一個階級自有一套享受的方法，一般人也許單純地享受悠閒飲茶的美好，而貴族們則多喜愛利用茶會來做社交活動。

貴族們的優雅下午茶非常講究各種細節，常常成為一般人憧憬模仿的對象，而貴族們為了突顯自己的與眾不同，除了使用一般人難以入手、高級稀有的茶品與茶具之外，還發展出各式各樣的品茶禮儀，藉此展現上流社會的尊貴，要說明這種現象最簡單的

下午茶小學堂

英國的貝德芙公爵夫人故居目前仍保留著當時的樣貌並開放參觀，還有令人憧憬的古典下午茶服務。

◆官網：https://www.bedfordestates.com/

▲ 英式下午茶的發明人：貝德芙公爵夫人安娜・瑪麗亞。（圖片來源：維基百科 wikipedia.org）

例子就是，在貴族茶會的邀請卡上最常看到的英文字母「R・S・V・P」。

發現了嗎？這四個字不是英文，而是法文「répondez s'il vous plaît」的縮寫，意思是「等待您的回覆（please respond）」，為什麼英國貴族要使用法文呢？

原因是當時歐洲各國貴族幾乎都受過正統的法文教育，且彼此之間聯姻的情形尤其普遍，就像我們常常在歐洲時代電影中，可以看見貴族仕女們面臨夫家與娘家交戰而左右為難的情形，法文在當時就是歐洲各國外交的官方用語（據說到現在法文還是歐洲外交場合的通用語）。

懂得回覆這樣的邀請卡，其最大的意義就是在宣告貴族身分的與眾不同，在一片全民飲茶的風潮中，貴族們為了強調自己的尊貴與不凡，使用一般人不懂的語言就是最慣用的方式，這樣的現象跟長期以來的階級文化有很大的關係。

英國的階級制度

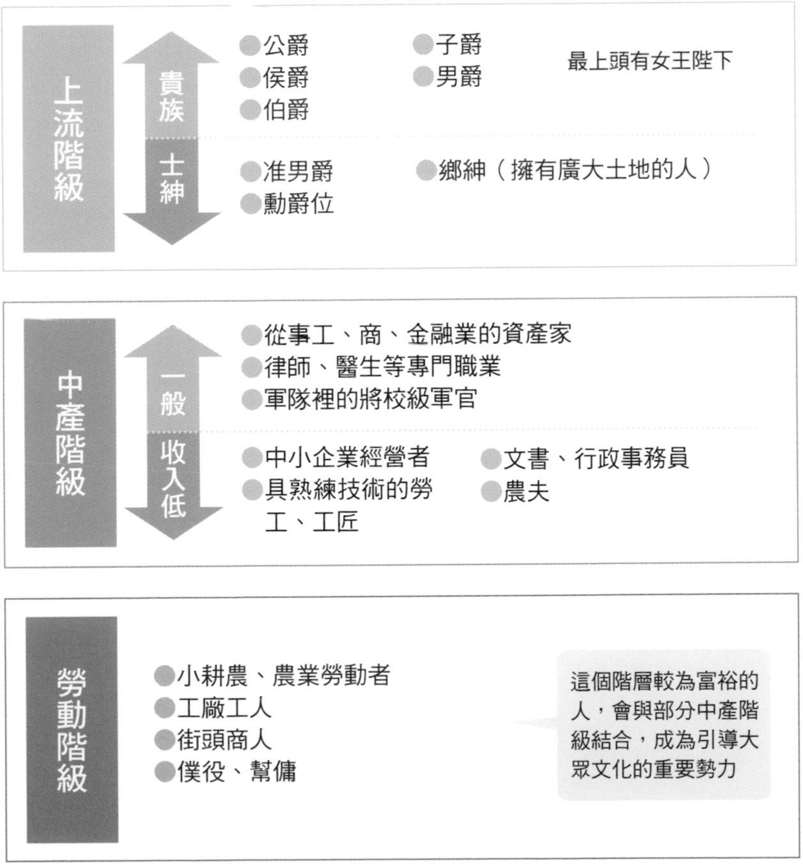

階級制度在英國文化裡是很難以說明的一部分，除了表面上容易理解的身分：皇室、爵士、商人、中產階級、勞動階級之外，不同階級不相互交流的潛規則，更深深地影響著人們的生活，即便是活在現代的英國人，仍習慣從對方說話的腔調及用語，來了解這個人的家世背景與教育程度。

在英國社會裡因為貴族的身分而占盡優勢，這樣讓人羨慕不已的狀態，當然也讓人們對於結交權貴這樣的想法更加發酵，但礙於剛才提到的不同階級不相互交流的規則，要與其結交自然是困難的一件事，不過比起一般人，美麗仕女們藉著大家都喜歡的下午茶聚會來社交，幸運的女孩也許就可以結識權貴，結婚後除了享受財富也連帶提升娘家的身分地位，古今中外這樣的模式都能從電影中窺知一二。

在一九九七年大賣的電影《鐵達尼號》（*Titanic*）裡，女主角蘿絲不停

地換裝、一會兒午茶、一會兒晚宴，為了呈現美好的儀態，母親用力幫她綁著馬甲的經典場景，更突顯出女主角即使不願意，也必須為了家族，對擁有爵士地位的未婚夫盡力展現優雅風采，為的就是藉由夫家保住自己家族的地位。另一個場景，在茶室的一個角落，穿著華麗的貴族媽媽正指導約五歲的小女孩用餐禮儀，一手扶直小女孩的背，一邊叮嚀女孩如何正確使用餐巾……。

當時的女性透過婚姻決定自己往後命運的情況不勝枚舉，女士們的話題也總是圍繞著哪家的女兒嫁給誰。由於嫁給貴族不但衣食無憂且地位高人一等，所以女孩兒們從小就得接受飲茶禮儀訓練，似乎也可說是為這樣的幸福生活做準備。

除了想要飛上枝頭做鳳凰過著更無憂的生活之外，也有一種情形是，就算不必刻意要與上流社會交流，也在社會壓力氣氛下不得不向上流社會靠

2

3

1 大英帝國時期茶貿易興盛，1866年所舉行的快速風帆運茶船比賽，由Taeping風帆以半小時之差獲勝，轟動一時。（圖片來源：私人收藏）

2 1900年位於錫蘭的立頓（Lipton）茶莊園風景。（圖片來源：私人收藏）

3 庭園下午茶（Tea Garden）在英國很風行，此為1913年，紳士淑女們在庭園享受下午茶的片刻。（圖片來源：私人收藏）

攏。例如在二〇一一年上映的《鐵娘子：堅固柔情》（*The Iron Lady*）柴契爾夫人傳記電影中說到，柴契爾雖然身為牛津大學的高材生，卻在進入上流社交圈時被譏笑為雜貨店的女兒，即便柴契爾當選為保守黨黨魁後，尊貴如她也必須勤練演說和口語技巧，變更口音讓她接近權力核心期待的樣貌，仕途才能更順利。

這一些例子都能輕易看出無論初衷為何，在當時與貴族（上流社會）交流似乎是獲得成功的重要環節之一，而參加茶會學習品味生活，與人交流、建立人脈存摺，更可以解讀成是一張開啟幸福之門的入場券吧！

▲ 在英國，女孩從小就要接受飲茶禮儀訓練，此為 1906 年小淑女們為心愛的洋娃娃舉行生日茶會的老照片。（圖片來源：私人收藏）

英國紅茶文化的萌芽

在階級制度嚴格的這個時代，女孩們必須遵守各種禮儀規範，生活當中許多束縛，不能自由讀書、上街，因此參加茶會成為汲取知識與人交流所不可缺少的生活方式。兩百多年前的女孩跟現在的你、我一樣，好姊妹們聚在一起時談運動、聊時尚、玩著算命遊戲……。

除了平常的 tea time，在特別的日子或節慶時邀請賓客一同飲茶、談天，像這樣聚在一起享受茶品的茶會（Tea Parry），可說是當時仕女們的伸展舞台，在這個舞台中不論是想要展現教養、品味，還是想結識上流家族等等，基於各種理由，在茶會中的每一個細節都讓仕女們無法輕忽。

▲ 來自葡萄牙的凱薩琳王妃將飲茶習慣帶入大英帝國，從此喝茶成為貴族生活的一環。（圖片來源：維基百科 wikipedia.org）

十七世紀中葉：葡萄牙公主帶來飲茶習慣

第一個影響茶在英國發展的重要人物，就是在一六六二年嫁給英王查理二世、來自富裕國度的葡萄牙公主凱薩琳（Catherine of Braganza），當時凱薩琳王妃的嫁妝中最引人注意的莫過於大量來自東方的茶葉與茶具。從小就飲茶的凱薩琳，來到英國後對於英國貴族將茶仍視為養身靈藥的飲用方式，感到不可思議。

因為在比英國更早接觸茶的葡萄牙貴族而言，飲茶早已從藥品變成休閒生活的一環，凱薩琳還因為想調整茶湯的苦澀滋味，而在茶裡添加了當時價值可與「銀」相提並論的「砂糖」，像這樣每天當做日常消耗品一般地飲用著甜蜜茶湯，也為英國貴族們帶來相當大的衝擊，而凱薩琳更借由邀約飲用這樣奢華的茶湯以結交朋友。

「茶」在英國從此轉變成為結交朋友、展現奢侈生活的象徵，開啟了上流社會的飲茶樂趣。

十八世紀：安女王提升飲茶內涵

到了十八世紀初期，飲茶已在英國宮廷流傳四十餘年，從小在宮廷長大的安女王（Queen Anne）自然也承襲了這樣的飲茶習慣，當時被稱為愛茶女王的安女王，對於飲茶的細節更加講究了，不但請工匠為自己製作世上第一個銀製大茶壺，還設置專屬於飲茶的空間，稱為「茶室（Tea Room）」，享受飲茶從此有了專屬的

▲英國安女王發展出飲茶文化的輪廓。（圖片來源：維基百科 wikipedia.org）

下午茶小學堂

看過《哈利波特》（*Harry Potter*）這部電影嗎？對於哈利波特的戲迷們來說，除了充滿冒險夢幻的魔法，自然呈現的古典英國生活也是欣賞電影的一大樂趣，在第二集《阿茲卡班逃犯》（*Harry Potter and the Prisoner of Azkaban*）的劇情裡，還出現一堂詳細記載「茶占卜」的預言課程。

在堆疊著滿滿英式茶具的教室中，學生們看著茶杯杯底殘餘的茶葉渣，依著茶葉渣形狀比對著預言書裡的訊息，像這樣用茶葉渣當作預言媒介的茶占卜，最早出現在十八世紀，是當時巫師們常用的一種占卜術。

在那個時代的年輕女性大多沒有能力改變生活模式，普遍相信命運，在每天的飲茶生活中，隨著茶葉渣的形狀位置，跟朋友們想像未來、在茶會中一起占卜，不僅能感受到十足的趣味，更是讓人展開夢想雙翼，享受小小幸福的重要時光。

▲ 此為維多利亞時代茶會中流行的茶葉占卜及算命紙牌（復刻版）。

▲ 深受維多利亞女王青睞的茶會活動，影響所及也廣受社會各階層的喜愛。（圖片來源：維基百科 wikipedia.org）

茶具與空間，飲茶更成為一種重要的生活型態。

十九世紀：維多利亞女王帶動茶會風潮

十九世紀的維多利亞時代是英國生活最富裕、社會最安定的時期，茶葉不再需要千里迢迢從中國進口，英國的殖民地——印度開始產茶，茶稅也下降，這樣的改變讓原本高不可攀的茶，不再遙不可及，喝茶風氣普及到一般人民生活當中。

當時維多利亞女王更是喜歡在公開場合舉行茶會招待貴賓。受到人民愛戴、女孩們崇拜的維多利亞女王，一舉一動都是注目焦點，女王最愛的茶會自然也成了年輕女孩爭相仿效、喜愛參與的活動。

經過兩個多世紀的累積，在女王們的帶動之下，茶會優雅愜意的美好形象，已成為女孩們專屬的時尚社交活動。

英式茶會守則

在各式各樣的茶會中有幾個共通的元素是很重要的，一、茶要以正確的方式沖泡；二、茶點要豐盛；三、茶具的擺設要優雅。這三點被視為英式下午茶的喫茶傳統，到現在還一直被遵循著。

一、茶要以正確的方式沖泡

在當時茶普及到一般人生活之中，為了讓所有人都可以品嘗到美味紅茶，出現了標準的沖茶方法，又稱為維多利亞時代美味紅茶的黃金守則（參見第92頁）。一九一一年還出現在很受歡迎的英國家庭料理教科書中，至今仍然被當作最美味的紅茶準則。

二、茶點要豐富

讓客人充分感受到誠摯邀請的心意，美味的豐富點心自然是少不了，分量至少要準備比人數多一．三倍的

▲正式的茶會上，除了上選好茶，從瓷器茶具、銀質餐具、點心、鮮花擺飾，都不可輕忽，也展現主人家的品味。

分量，種類也要有三種甜點、兩種鹹點以上才可以稱得上是合乎禮儀的豐富點心。

三、擺設布置要優雅

茶桌的布置，從茶具、花卉都必須符合季節感且優雅美麗，茶會上每一件事都代表著主人的品味與時尚，茶桌擺設就像藝術作品般的重要，是傳達美感、秀自己的重要媒介。成套的骨瓷茶具、銀製小茶匙、優美的桌巾搭配花卉，這些都缺一不可。

除了以上三點，還有一件事情也是必須注意的：

四、禮儀要正確

如前述維多利亞式飲茶提到的，為了展現貴族的與眾不同，而漸漸發展出的茶會禮儀，茶的品嘗方式、茶具的使用方法等關係著身分教養之外，懂不懂得這些茶會禮儀，也被當作是否為紳士淑女的判斷基準。

另外，參加茶會除了主人的用心準備，賓客們更要穿戴華麗出席，茶會通常也被認為是可以認識美麗淑女的重要機會，貴族世家的夫人們甚至在茶會上挑選媳婦。每個人都希望在茶會中給人好印象，所有仕女們把茶會視為展現優雅風采的競技場，如何在這樣的關鍵時刻勝出？出色的打扮、優雅的儀態，符合禮儀的舉止都是關鍵。

下午茶小學堂

茶起源於中國，但在那個交通不發達的遠古時期，歐洲人想喝茶得冒著生命危險，乘坐船隻千里迢迢繞過大半個地球，將茶葉由中國輾轉運到歐洲。所以茶的價值不斐，而且喝茶還被傳說可強身健體，是每個人都夢寐以求的奢華滋味，當時還有一個響亮的名號，被稱為「來自東方的神祕靈藥」。

這批來自東方的嬌客被裝入上鎖的茶盒內，宛如高級珠寶般備受呵護，茶盒的材質越稀有、做工越精細，就越能彰顯家世權貴，當時流行的茶盒除了雕刻精細的木材，珍珠、母貝、象牙都是受歡迎的素材。平時女主人將上鎖的茶盒，擺放於客廳之中就成了高級裝飾品，鑰匙則搭配著美麗的流蘇，女主人會配戴於腰間不離身，隨著移動步伐跟著擺動的亮眼流蘇，就像現在女性佩帶鑽石的效果一般自然，也成為當時每位女性最想擁有妝點自己的奢華物品。

▲ 十九世紀的茶盒，材質珍貴且造型宛如藝術品，還有製作成水果造型的茶盒。

英國人的飲茶時間

在維多利亞時代，女性一天的生活幾乎是繞著從早到晚的飲茶時間而運行，這個習慣流傳近兩百年，直到現在仍然是英國人生活中很重要的一部分。

是不是覺得英國人總是給人特別優雅從容的印象，難道英國人的生活特別悠閒嗎？我想，現代的社會型態很難有人可以真正不忙碌吧！英國人這一份從容似乎與他們在生活中，隨著時間的飲茶習慣有關，在家事、工作忙碌之餘，抽五分鐘離開「戰場」，沒有捶胸頓足、無須怒目相視，到茶水間沖泡一杯茶、嘗一口甜點，用最簡單的方式喘口氣，轉換一下情緒的生活哲學，英文稱為「take a break」。英國飲茶時間是否也能成為在都市叢林的你我，最適合的情緒轉換劑呢？

一日紅茶生活

◎床邊茶 Early Morning Tea

早晨醒來的第一杯茶，通常又稱之為「床邊茶」。

在十九世紀床邊茶通常由貼身的僕人，在接近主人起床的時間前就以小木托盤送至床邊，讓主人在茶香中甦醒，而主人就一邊飲用床邊茶一邊讓貼身僕人為其更衣。

現在，床邊茶則流行於在紳士間，尤其是在特別的日子哩，由丈夫為辛勞的妻子獻上床邊茶的服務。偶爾在英國男性雜誌上也有以床邊茶為標題的報導，指導如何為妻子準備床邊茶增添幸福情趣。

◎早餐茶 Morning Teas

即早餐飲用的茶，也稱早茶。高高聳起的英式吐司，果醬、奶油，煮豆子、烤番茄、香脆的煎培根火腿、煎蛋、牛奶再加上一大壺茶，滿滿一桌

英國人的 Tea Time

床邊茶 Early Morning Tea	●飲茶時間：起床後 ●下床前的喝茶時間，現今成為男士體貼伴侶的舉動。
早餐茶 Morning Tea	●飲茶時間：早餐時 ●搭配豐盛早餐，並可解油膩。
十一時茶 Elevenses	●飲茶時間：上午 11 點左右 ●介於早餐與午餐之間的飲茶，在工作中小歇片刻。
午餐茶 Lunch Tea	●飲茶時間：吃午餐時 ●用來配三明治、水果等輕食的喝茶時間。
下午茶 Afternoon Tea	●飲茶時間：下午 4 點左右 ●貴族們的下午茶時間，也稱為 Low Tea。
高茶 High Tea	●飲茶時間：下午 5 ～ 6 點左右 ●中產及勞動階級的下午茶時間，會有肉類等菜餚作為晚餐。
晚餐後茶 After Dinner Tea	●飲茶時間：晚餐後 ●家人相聚聊天，促進感情交流的喝茶時間。

的營養美味，這樣令人喜愛的菜單，讓英式早餐幾乎成為全世界早餐的範本，也是英國人最喜愛的餐點。

搭配早餐時所喝的茶，大多選擇口味濃郁的英國早餐混調茶或阿薩姆茶，既能夠去油解膩又能夠讓人提振精神！

◎十一時茶 Elevenses

即早上十一點左右喘口氣的茶。介於上午工作與午餐之間的早上十一點，是許多英國公司的固定休息憩茶的時間，無論公務多繁忙也得停下來喝茶，短暫休息一下。

除了茶品、小點心讓大家解饞之外，同時利用這輕鬆時刻，轉換一下心情，彼此聊聊天增進同事間的交流讓工作更有效率。在十九世紀許多英國的大公司裡，還為此設置了為大家泡茶的茶姑娘（Tea Lady）這樣職務。

◎午餐茶 Lunch Tea

英國人跟亞洲人的用餐習慣不同，由於早餐豐盛，且在午餐前還有一個短暫的憩茶時間，所以午餐大多非常簡便，經常是一些水果或三明治搭配紅茶簡單充飢，就繼續繁忙的工作。因此茶品則以爽口的佐餐茶為主，例如錫蘭汀布拉就是很常見的午餐茶品。

◎下午茶 Afternoon Tea

英國有句諺語：「當時鐘敲響四下時，世上的一切瞬間為茶而停。」喝下午茶的最正統時間就是下午四點鐘，因為午餐吃得簡單匆忙，容易在這個時間感到飢餓，與朋友坐下來輕鬆喝杯茶，享受三層架中的三明治、英式鬆餅（又稱司康）、甜點……可說是最正統的英式午茶代表。

下午茶的點心豐富，茶品的選擇也較多樣化，印度大吉嶺茶、錫蘭茶、英式伯爵茶都是很經典的選擇，尤其在下午時段慢慢享用，先品嘗原味茶再品嘗風味茶，然後加入鮮奶調製成奶茶享用，下午茶真的是能充分享受悠閒飲茶的時光。

▲ 高茶 High Tea 是在餐桌上享用，餐點甚至有火腿、香腸等肉類，可視為晚餐。

◎高茶 High Tea

早期除了貴族可以在下午茶時段享用午茶之外，一般的勞動階級則是要等到下午五、六點左右，是男主人下班回家後與家人一起享用，女主人通常準備好喝的紅茶及以肉類為主的豐盛菜餚，勞動階級的一般家庭便以此作為晚餐。

為什麼叫做高茶（High Tea）？因為一般家庭是在用餐的高餐桌（High Table）上享用的，取其桌子高度的意思，而因為是全家人相聚一起用餐，也會有小朋友一起參與，而小朋友使用較高的兒童座椅（High Chair）也取其「高」字，因此得名。

◎晚餐後茶 After Dinner Tea

在用過晚餐後，全家聚在客廳一邊喝著茶、一邊分享今天所發生的種種，是家人心靈交會的溫馨時刻，也稱為餐後談心茶。

因為接近睡眠時間，選用的茶品，女士們大多偏愛可以放鬆安眠的花草香氛茶、男士們則常選擇調了酒品的茶酒，再搭配精巧可愛的塊狀巧克力，像這樣慵懶閒適的氣氛作為一天的結束，是很受歡迎的飲茶時間。

◎奶油茶 Cream Tea

Cream Tea 並非在特定時間享用的茶品，也不是以奶油（cream）調製的茶品，是指司康兩個、凝固奶油、草莓果醬、一壺紅茶、牛奶及砂糖這樣的午茶套餐。

▲ 晚餐後茶可選擇有助於舒眠或放鬆的茶品，像是添加洋甘菊的花草茶。

下午茶小學堂

貴族的下午茶也稱為「Low Tea」，名稱源自它舉行的地方經常是貴族們的起居室，貴族們坐在舒適的扶手沙發椅上，搭配著高度及膝左右的矮邊桌享用，而 High Tea 則是當時中產與勞工階級，在傍晚時用來取代晚餐的餐食，由於吃的是分量較多，帶著肉類、酒類的晚餐，而且在高度接近胸口的餐桌上進食，因此得名。名稱的差異源自餐桌的高度，在當時有著區分階級的味道。

但現代人習慣以餐點內容來區分兩者，具有較多肉類或鹹點，也適合當作正餐（非輕食）的午茶稱作 High Tea，漸漸地許多大飯店以豐盛的鹹食當作賣點，成為受歡迎的下午茶選項，High Tea 也不再劃分階級。

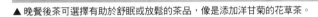

以畜牧業為主的英國人來說，對於奶油非常的講究，而凝固奶油就是特別的英式奶油代表，更可以說是英式司康專用的奶油，正統的英式司康塗上果醬與凝固奶油，品嘗奶油柔滑的口感與司康外酥內鬆軟的美好滋味。充分享受這種英式司康與茶的套餐稱為 Cream Tea。

實用飲茶禮節

據說傳統的英式下午茶，茶桌上會襯著白色蕾絲鏤空桌布加上一束鮮花，精緻的三層點心架與銀製茶壺，這些擺設都是英式下午茶不可缺少的一部分，除了女士們要精心打扮之外，受邀的男士也要穿著禮服，舉止彬彬有禮，再搭配點綴優美的背景音樂，那麼傳統的英式下午茶就能完美呈現了，因為這是僅次於晚宴的社交場合，所以這些傳統至今仍然受到重視。

▲ 奶油茶（Cream Tea）其實是提供紅茶和司康的套茶服務。

對英國人來說好好地享受英式下午茶就是一種生活情趣，不全然當作社交的一部分。其實不少英國人就算只有一個人品茶也會注重每一個細節，完整地享用下午茶，毫不敷衍樂在其中。

現代人喝下午茶雖然簡化了部分繁文縟節，型態也更多樣化，但是如果想要更盡情地享受這樣的英式風雅，注意一些實用的小禮節，就能做一個優雅的現代紳士淑女！

1 三層架享用方式

點心一般會擺放在三層的架子裡，

由下到上分別為三明治、英式司康、蛋糕和水果塔等甜點。吃的順序是由下到上、由鹹到甜。先品嘗帶鹹味的三明治，再啜飲幾口芬芳四溢的紅茶。接下來是塗抹上果醬或奶油的英式司康，讓些許的甜味在口腔中慢慢散發，最後品嘗濃郁厚實的蛋糕與水果塔。

2 英式司康的吃法

英式司康（Scone）的吃法是先以手撥開，先塗一層果醬、再塗一層奶油，吃完一口、再塗下一口，這是英國人講究柔滑奶油口感、享受乳香的吃法。如果先塗奶油，會被熱呼呼的司康融化，這樣就吃不到柔滑口感了，此外，千萬記得別像吃漢堡一般整個拿起大口咬喔！

3 品茶的方法

通常是由女主人親自為客人泡第一壺茶，之後，可將茶壺擺在桌子中央，讓客人自行取用、調配，而客人必須注意的是，應先品嘗一口主人沖泡的紅茶滋味後，再依自己的喜好加糖或添加牛奶。

4 愉快的交談

要使茶會氣氛熱絡，「愉快的交談」是非常重要的因素。一開始可先談些與現場紅茶或茶點有關的話題，這樣，無論彼此是否熟識，就可以自然的開始交流，接下來再慢慢地展開別的談話內容，達到交流目的。

5 茶具欣賞

一般來說，茶會上的茶具也很講究。例如花樣典雅的維多利亞式骨瓷杯盤、銀製茶壺、茶匙……。

仔細欣賞主人的品味與用心也是很重要禮儀之一，但無論再怎麼漂亮的茶具，千萬記得不可以翻到背面看其品牌，這是非常沒有禮貌的行為，這樣做跟翻女主人衣服上的品牌標籤是一樣的道理。如果真的很喜歡，不妨先讚美後再問女主人，不過也僅止於詢問品牌名稱，敏感的價格問題就別提了吧！

▲ 美味的英式司康適合搭配果醬與奶油一起享用。

▲ 茶會上不要因為好奇茶具品牌就翻看杯底，這是不禮貌的行為。

Tea Time Column

下午茶＝BUFFET？

卡布奇諾加塊餅乾、蘋果派與伯爵茶、紅豆羊羹搭著抹茶……不論法式、英式、日式、混合式，一個人獨享或三五好友相聚，在下午這一個時段中，享受「下午茶時間」似乎已與喝茶沒有太大關連，重要的是在忙碌的日程中享受喘口氣的午間時刻，「下午茶」已成為現代人偷閒的代名詞，是任何人都可以簡單入手的小確幸吧！

而在飯店或餐廳裡，不論型態，只要是在下午時段供應的自助餐點一律被稱作「〇〇下午茶」，不過，這和享用三層架點心與茶品的「英式下午茶」有著相當大的差別，除了餐點中不一定有茶之外，種類更是豐富，從沙拉冷盤到主菜甜點一應俱全，時間一久，常常令人忘了這樣的型態叫做「BUFFET 自助餐」。

傳說自助餐起源於八世紀北歐的海盜，當海盜豐收的時候，便會擺設大型宴會慶祝，但是由於他們不習慣也不了解傳統的餐點禮儀，因此便發明了這種自己取用食物的方式，後來也在歐洲的勞動階層流行了起來。

現在常見的歐式自助餐，就承襲了上述海盜宴會的概念，不僅沒有拘謹的用餐禮儀規範，就連餐點也少了流派的分野，只要是受歡迎的豐富餐點都能夠輕鬆上桌，沒有形式上的束縛。

像這樣自己輕鬆選擇喜愛的食物，無限制地享用，倒也跟現代人利用下午茶偷閒、享受相聚樂趣的精神不謀而合。

不過，越來越多元化的料理總是令人眼花撩亂，現代人處在這容易失控的大餐叢林中，吃法也會越來越像海盜一樣了……有沒有可以令人心滿意足卻又不讓腸胃不適，而且不失優雅品味的聰明吃法呢？

其實不論 BUFFET 提供什麼樣的料理還是有一些原則可以遵循的：

1 先鹹食後甜點

千萬別被精巧可愛的甜點區迷惑了喔！

跟英式下午茶享用層架的概念相同，應該先享用鹹食然後享用甜點，例如：先品嘗培根起司沙拉、鮭魚三明治，然後再享用巧克力、蛋糕等甜點。

一般進餐程序中，在飢餓時對於帶鹹味的餐點需求感是遠高於甜點的，而甜點相較於鹹食，吃了覺得幸福、滿足、心情轉換的感受則多於飽足感，這樣的印象已成為一般人的習慣，所以先鹹後甜是最推薦的品嘗方式。

2 先生食後熟食

這跟理想的健康進食方式相似，生鮮的食物在胃中的消化和吸收與熟食的時間不同，應該分開食用。以消化程序來說，生食又比熟食速率高，掌握這個原則，可以讓整個餐程中腸胃感到舒適。

3 整個用餐過程選擇三種飲品來做搭配

以用餐前、中、後來考量：

（1）用餐前：與前菜一起搭配的飲品，最主要的作用是潤喉與開胃。例如：氣泡水、氣泡酒（香檳）。在又累又渴的時候，需要的不僅是水分，小小刺激口腔的暢快感更讓人喜愛，進餐前嘗一點爽口的飲品，不但可以舒緩心情喘口氣、也打開味蕾準備好好大塊朵頤吧！

（2）用餐中：整個餐程中最長的時段，享用的餐點也最豐富、種類最多樣化，此時搭配的飲品，需要能中和口中油膩感與突顯餐點滋味的輔助效果。例如：各式紅茶與少量紅酒是最適合的。（紅酒與紅茶的單寧成分是最好的佐餐飲品，在第86頁中再深入介紹）

（3）用餐後：接近用餐尾聲時，大多會嘗著爽口甜品與水果，此時搭配的飲品，如果具幫助消化與清新口氣的效果是最好的選擇。例如：各式花草茶、路易波斯茶等。像清爽的薄荷茶就是很好的選擇喔！

4 同一個盤子裡的餐點屬性必須相同

大多數的餐廳，餐點區與座位區都有一小段距離，因此經常看到許多人想要省去往返的麻煩，常常想要一次到位，所以把愛吃的全部放在同一個盤子上，例如生火腿旁邊有巧克力蛋糕、蛋糕旁還夾雜溫野菜，諸如此類的恐怖餐盤，不僅看起來不美味，衛生上也堪慮。

建議把同一種屬性的餐點放在同一個盤子上，除了生熟食分開，鹹食與甜點也都應該分開，還要特別注意帶有湯汁（sauce）的餐點更要獨立一個餐盤，以免湯汁沾染到其他菜餚。

另外，為了能夠更愉快、有品味的享受BUFFET下午茶的樂趣，還有一些可以彼此提醒的地方。例如：用餐中多注意自己的桌面及餐盤的清潔，取用餐點時注意公用餐具的擺放，避免公用大叉子掉進菜盤中沾染湯汁等。還有取餐時多注意盤子裡餐點的配色、位置等美感也很重要，因為我們的雙眼總是最先享受料理的，視覺上的美味感受絕對是愉快用餐的第一步。取餐的同時也開始為餐盤作畫吧！當你將餐點上傳社群平台與人分享時，就會是令人羨慕、看來可口的料理畫作了！

不論是下午茶或BUFFET，美味的餐點、愉快的話題、溫馨的氣氛缺一不可，多一些用心，留意這些小訣竅，一定更能樂在其中！

Part 2

時尚英倫下午茶

朝聖必訪指標茶館

走訪英倫經典茶館，由古董、典雅茶具、優雅服務、百年裝潢與建築所構成的傳統午茶氛圍，可以真實感受到英式下午茶的美好，更是由時間、空間、人文與傳統交織而成的英倫風情，只有親自走一趟才能真正體會。

英倫時尚下午茶

英國是下午茶的樂園，也是優雅品茶的發源地，想要享受維多利亞時代的生活方式，就是去倫敦體驗正統英式下午茶了！各式各樣風格茶館林立的倫敦可說是紅茶之城，不過，不論有多少摩登新穎的茶館，對於午茶迷來說還是有幾個必須插旗的古典朝聖地。例如大家熟知的必訪下午茶景點：倫敦麗池酒店（The Ritz London）、倫敦戈林酒店（The Goring Hotel）……這些經典的英式飯店下午茶，可以說是想要享受道地下午茶的最佳選擇。

英式飯店下午茶特色

雖然各家飯店歷史不同，講究的裝潢風格與服務型態也不盡相同，但傳統英式飯店下午茶的型態其實非常相似，可歸納以下主要特色：

午茶的時段

英式飯店下午茶的時段安排，多以時段性選擇方式預定，常見的時段有：

第一時段
11：00～13：30

第二時段
14：00～16：00

第三時段
16：30～18：00

當然既然是「下午」茶，最不容易預定的也就是〔第二時段〕下午兩點到四點，如果沒有特殊需求，建議可以選擇〔第一時段〕早上十一點到下午一點半，除了較容易取得訂位之外，豐盛的餐點當成早午餐來享用也不錯！

午茶的餐點

英式飯店下午茶層架菜單通常只有一至兩種選項，會依據餐點內容的些微差異，與是否搭配香檳來分類。最常見的就是：

1 高茶（high tea）：包含熱食、肉類、甜點、茶。

2 下午茶（afternoon tea）：三明治、司康、甜點、茶。

3 香檳下午茶（afternoon tea & champagne）：與下午茶餐點類似，但多了香檳。

茶品的選擇

在亞洲國家通常茶單上會有冰茶、奶茶等不同口味選項，並且依照顧客的選擇，直接為顧客調製成冰茶或奶茶。

在英國飯店下午茶則是沒有這些選項的，只有單純的產地茶、混調茶、風味茶等選擇，在顧客點餐後僅以熱水沖調。不過在飲用過程中可以依照顧客的需求提供牛奶與冰塊，至於茶湯濃度則可以由顧客或服務人員決定，以茶葉浸泡時間來調整，如果沒有特別說明，服務人員則會適時地調入熱水稀釋，以維持美味的茶湯濃度。

正統英式三層架點心

跟一般人印象中的一樣，在三層架裡會有三明治、司康、蛋糕與甜點，飯店下午茶也多依循這樣傳統的組合作為主軸。

最下面一層為鹹點三明治。

英式三明治的形狀跟我們印象中的三角型不同，大多是方便入口、拿取的長條型，因為大小就像二個手指的寬度，而且方便當時仕女們只以三隻手指優雅拿取，所以又有「手指三明治」的別稱。

除了以豐富色彩的吐司麵包來製作之外，經典的英式芥茉籽醬小黃瓜、雞蛋沙拉、燻鮭魚佐酸豆更是必定出現的口味。

中間第二層是傳統代表性點心司康。

通常司康旁邊會附上凝固奶油與果醬，司康與果醬、凝固奶油的搭配雖然到處可見，但傳統點心的美味與否，才是動搖整個層架是否受歡迎的關鍵，因此，除了在司康製作上下功夫之外，在司康口味上占著重要角色的自製沾醬，現在似乎更成了各飯店下午茶層架的小亮點，除了各式手工果醬，我還偏愛酸甜純美的檸檬蛋黃醬。

最上面的甜點層。

雖然出現在層架上多以目前流行的

英式下午茶三層架

下午茶服裝禮儀

其實在國外正式的餐廳通常都是需要著正式服裝（男士為西裝外套、女士為洋裝及跟鞋……），因為下午茶也是一種正式的社交餐點時間，自然會有這樣的規矩，所以男孩們到倫敦時，記得空出一半的行李箱帶著帥氣的西裝，女孩們就到皮卡迪利大道為自己挑一件美美的洋裝吧！

甜點層
最上層為蛋糕、水果塔等甜點。

英式司康層
第二層即英式鬆餅，可搭配果醬、奶油享用。

鹹點層
最下層以三明治、鹹派等鹹點為主。

蛋糕、甜點為主（偶爾也會看到法式馬卡龍），但飯店下午茶總會再適時地推出小推車或端著大銀盤，讓你自由選擇喜愛的傳統英式蛋糕，對於我來說，這才是飯店下午茶甜點的精髓所在——傳統蛋糕整齊地並排著，由服務員使用精緻的銀質餐具依每一位顧客喜好為大家服務，這種感覺真的非常好！

大部分的飯店下午茶裡，經典的司康與各式各樣的三明治通常都是可以無限續點的，如果是第一次享受飯店下午茶的人，一定會對這樣的服務感到驚艷！

當然茶品也可以一直選擇不同口味品嘗哦！一趟飯店下午茶之旅的滿足感可說是超乎你的想像！

不可不知的英國傳統茶點

英國點心與其他歐洲國家的華麗點心相比，總給人顏色單調樸素的印象，所以在還沒有品嘗其美味之前，會覺得英國點心似乎略遜一籌。不過最近在講究健康、展現食材原味的風氣之下，樸實的英國點心可說是品嘗紅茶時，最適合搭配的點心了，而有越來越受歡迎的趨勢。

常見的英式點心❶ 司康

司康是英式午茶點心的代表，英文名稱Scone來自於牽動英國皇室的「命運之石Scone（The Stone Of Scone）」，傳說是埃及的摩西之父雅各的枕石。

這顆枕石隨著猶太人輾轉搬到蘇格蘭Scone城，被蘇格蘭人視為具有宗教力量的神聖之石，歷代蘇格蘭王的加冕儀式均坐在這顆聖石上舉行，人們也依這顆聖石的形狀創作出名為Scone的點心。

對英國人來說，司康除了具有歷史及宗教意義之外，其樸素的外型，入口後可品嘗到清新大地的麥香，就像英國人含蓄內斂的民族性，經過幾百年的演進，司康已成為最受歡迎的英國點心。

而產自英格蘭西部德文郡的凝固奶油（Clotted Cream），質地介於鮮奶油與奶油之間，柔滑的口感與濃郁乳脂香，是享用司康時不能缺少的重要夥伴，在英國的飲茶時間中，有稱為「奶油茶」（Cream Tea，見第31頁）的品項，就是指以司康為主角的午茶套餐，也是講究英式風格的茶館，必備的一項午茶套餐。

常見的英式點心❷ 奶油酥餅

蘇格蘭很早就出現奶油酥餅（Shortbre）這款點心，無須任何發粉、酵母，只要砂糖、麵粉以及奶油三樣材料即可製成。這是由大量奶油製作的餅乾，酥香的滋味來自於優質奶油，在早期屬於很昂貴的點心，也被應用

在婚禮時祝賀新人，因為酥鬆的特性容易碎裂，蘇格蘭人將餅乾碎屑往新人身上灑去，象徵新人將來開枝散葉、多子多孫多福氣，除了擁有貴氣的好兆頭之外，單吃會有些膩口的奶油酥餅，用來佐茶卻無比美味，只要一小塊便能得到滿足，是上班族補充能量，療癒心情的最佳伴侶。

常見的英式點心3 維多利亞蛋糕

維多利亞蛋糕（Victoria Sponge）的基本款由兩片黃澄澄的圓形奶油蛋糕，中間夾上厚厚的紅色果莓醬，上方再灑上雪白細糖粉，這款經典蛋糕的名稱由來，是因為受到維多莉亞女王的喜愛而得名，尤其在女王的夫婿阿爾伯特親王逝世五十年後，這款蛋糕大大慰藉了女王長期悲傷的心情，讓女王再一次振作，重啟政務，因而聲名大噪。維多利亞蛋糕因為製作方法簡單，且講究獨到奶油蛋糕的香味與口感，以及品嘗起來甜美，與茶相配等種種特性，早就廣受大眾歡迎，成為數一數二的英國茶甜點代表。也因為由兩片奶油蛋糕中間夾上果莓醬，從側面來看分為三層，而被稱為「維多利亞三明治（Victoria Sandwich）」，在鄉間茶屋最容易看到這個名稱，英點迷可要注意別錯過了。

常見的英式點心4 小黃瓜三明治

小黃瓜三明治（Cucumber Sandwich）又被稱為「茶會上的口福」，意思是只有參加茶會，才能享用到的福氣。因為早期小黃瓜是只能在溫室栽培的高貴食材，大多出現在貴族的午茶上，能嘗到就很有福氣。當然，小黃瓜鮮爽水嫩的口感，得以在濃郁奶油製品為主的層架點心中脫穎而出，成為英式下午茶的人氣鹹點。倫敦各大五星級飯店提供的層架點心，也一定有這道點心，受歡迎的程度可見一斑。樸實的小黃瓜三明治，在五星級飯店的樣貌，可是一點也不馬虎，必須以熟捻刀工切成小黃瓜薄片，再細心堆疊出層次，並搭配芥末籽醬，切成容易入口的2公分寬度，才能成為傳說中接待貴客的「茶會上口福」。

The Ritz London

倫敦麗池酒店

歷史悠久百年老店

朝聖必訪
指標茶館
1

成立於一八八九年的倫敦麗池酒店（The Ritz London），是綠色公園這一站最著名的景點之一，在這麼多的飯店下午茶中也是午茶迷們必須插旗的朝聖地。應該都聽過這句話吧？沒到過麗池（簡稱 Ritz）就像沒到過英國喝下午茶！但這麼經典的老店，倒也是最常聽見抱怨聲的，高貴的價格（平均一人要五十英鎊）與多如牛毛的潛規則（其中一項就是要著正式服裝入場，例如：女士身穿洋裝、包鞋；男士須西裝、配領帶），至少一個半月前訂位，若要取消訂位，必須在四十八小時前做取消，否則還是會收全額的下午茶費用。Ritz 到底在跩什麼？這歷史悠久的老店到底有怎樣的魔力讓所有午茶迷瘋狂？

時尚與典雅的完美代表

Ritz 是來自法國的酒店管理人，把尖端的法國時尚，在倫敦結合英式典雅的完美代表作，十九世紀就已是上流社會名媛紳仕的社交場所，它的成功更成為所有飯店下午茶的範本，這樣站在頂端的 Ritz，是維多利亞時代的仕女們來到倫敦後的必造訪之地，現在當然也是世界各地的女孩們一生一定要享受一次的下午茶首選！

宮殿般華麗建築

Ritz 具代表性的新古典主義風格建築裡，宮殿般的華麗建築似乎只能用金碧輝煌來形容了，高聳的大理石柱、大器的落地窗、廣闊的天花板壁畫、

茶館資訊

推薦點心 Ritz 的下午茶點心悄悄保留了法國血統，不同於法國搭配咖啡的馬卡龍，在英式層架中享受正統法式馬卡龍搭配茶飲，有著另一種新鮮的摩登感受！而大受歡迎的各式口味「磅蛋糕」，還提供精緻的桌邊服務。因為被當作一生至少要來一次的特別地方，有許多人會選擇在這裡慶生，所以 Ritz 每天都有提供慶生曲與生日蛋糕的預訂服務，若有機會可以體驗像公主般高貴的生日宴喔！

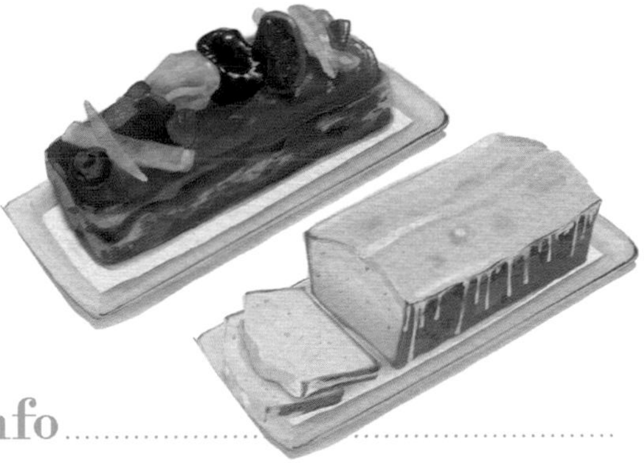

Info

THE RITZ-CARLTON®

- 費用：傳統下午茶每人 50 英鎊左右
- 官網：http://www.theritzlondon.com/

1 桌上的銀製餐具讓午茶氛圍更顯高貴。

2 麗池午茶廳彷彿宮殿般華麗，裝潢十分典雅精緻。

3 倫敦麗池酒店的旗幟。

鍍金的雕塑和壯觀的花環吊燈光環，牆上的各種裝飾都炫耀著源自法國的時尚，步上台階、半橢圓形的下午茶廳如同舞台般的迷人，桌面上光彩奪目的銀器、茶具更像魔咒般讓人忘了繁瑣的規矩、自然享受起優雅尊貴的時光。

嚴謹的尊榮服務

高規格禮儀的服務、一句 Madam 就讓人有置身皇室般的錯覺，服務人員遵循古典禮法，儀態嚴謹端正又帥氣、氣勢萬千。

與現代人習慣的噓寒問暖的親切方式不同，保持小小的距離感，反而是古典禮法中讓來賓輕鬆自在體貼的講究，不讓貴賓發現其視線，只在最適當的時間提供所需服務，傳承這樣經典的模式很難得一見，懂得欣賞與樂在其中更是一大享受，所以提早想想要怎麼打扮吧！從選衣服那一刻起就開始體驗 Ritz 的貴族氣氛囉！

The Savoy Hotel

倫敦薩沃依飯店

英國仕女餐飲社交活動的推手

朝聖必訪
指標茶館
2

對於英國仕女來說，能在倫敦薩沃依飯店（The Savoy Hotel）享用餐點，代表著進步與時尚兼具的特殊意義，在此享用下午茶更是身分與地位的象徵。

薩沃依飯店（簡稱 Savoy）不僅深受現代紅茶迷關注，在歷史上也有一段精彩輝煌的紀錄，Savoy 是第一個在倫敦提供高級法式餐點，並引起皇宮貴族爭相來訪的上流社交場所，當時的行政主廚強調現場品嘗料理的美味，邀請貴夫人們在飯店裡享用餐點，對於當時保守的社會來說是一大創舉，也是維多利亞時期的仕女開始能夠在公開場合自然用餐的優雅飯店。比起華麗尊貴，對於更愛優雅經典的人來說，在泰晤士河畔的薩沃依飯店就是最好的選擇。

名人首選

Savoy 是知名人士來到倫敦的首選，其中包括英王愛德華七世、英王伊莉莎白女王二世、黛安娜王妃、英國首相邱吉爾、喜劇泰斗卓別林都曾下塌與此。還有英國最受歡迎的美食作家及廚師——史奈傑（Nigel Slater），在他的人生傳記《吐司：敬！美味人生》中也提到當他前往倫敦，首選學習廚藝的地方也是 Savoy。更不用說 Savoy 是電影及MV喜愛的倫敦元素，像浪漫愛情電影《新娘百分百》（*Notting Hill*）也選擇在此取景。

除了經典舒適，能完整詮釋倫敦特有的英式優雅，Savoy 可以說是眾望所歸，也難怪會被許多名人譽為在倫敦的第二個家。

茶館資訊

推薦點心 在事事講傳統的英國下午茶裡，如何不逾越傳統的規範之下，兼顧古典與找到創意的新滋味一直是 Savoy 受人喜愛的另一個重要魅力，High Tea 套餐中提供在下午茶中難得一見的英國傳統麵包——平常被當作主食的蜂巢英式煎餅，在這裡被淋上蜂蜜搭配手工果醬享用，其口感像極了超級 Q 彈的鬆餅，蜂巢狀的氣孔吸滿了糖蜜，樸實卻迷人的美味一定要嘗一次。

Info

SAVOY

- 費用：每人約 47 英鎊
- 官網：http://www.fairmont.com/savoy-london/

貴氣優雅代名詞

閃著銀色光芒的 Savoy 大門，隨著高高聳起車頂的英國黑色轎車，走進傳統旋轉大門，穿過黑白相間地磚，感受古典與不經意的摩登，這是 Savoy 詮釋優雅的一步。

1 服務人員馬汀先生以銀盤盛裝點心，貼心為客人介紹。

2 搭配香檳的下午茶。

3 Savoy 展示櫃的玻璃壺及花草茶。

走向下午茶廳第一個吸引人目光的是典雅大方搭配些許彩繪玻璃的自然光玻璃穹頂，與柔和光影下方的英式鑄鐵涼亭，在這裡就像身處於充滿花香的戶外英式花園涼亭一般，加上自涼亭中流瀉出動聽的鋼琴樂曲，輕柔的音符比蝴蝶更加迷人。

每一個座位區域都安排適當的距離，像獨立的小天地般，還有媲美專屬執事的貼心服務，女孩們想要的所有優雅元素，Savoy 一應俱全。

宛如茶會主人般的貼心服務

「午安您好！我是馬汀，今天將由我為您服務。」服務人員親切的笑容與輕鬆卻不失優雅的應對方式，打破你對於承襲皇室的英式服務一向給人嚴謹規矩的刻板印象。

在這裡服務人員不像工作人員，就像茶會主人一般，適時地倒茶、遞上點心，在每一次接觸中都能夠輕鬆與顧客聊天，從基礎的問候、介紹茶點，一直到關心品茶速度與觀察顧客喜好，進而準確地推薦品嘗其他點心。

媲美專屬執事，貼心照顧客人的方式，讓人幾乎忘了是在知名的飯店喝下午茶，感覺就像到豪宅拜訪好友一般，溫馨愉快的感受可說是優雅詮釋下午茶與人交流的最佳註解。

The Goring Hotel

倫敦戈林酒店

皇室御用新秀

朝聖必訪
指標茶館
3

創立於一九一〇年緊鄰著白金漢宮的倫敦戈林酒店（The Goring Hotel），不論建築、內裝、服務都是一時之選，不但獲得自然派凱特王妃（Kate Middleton）青睞，在婚禮前一晚全家下塌於此，更榮耀獲得二〇一三年頂級倫敦下午茶獎。這一波風潮將戈林酒店（簡稱 Goring）長期以來堅持的自然風格展露在世人面前，更引領新式下午茶風格走向下一個世紀。

溫馨感帶有現代摩登

有別於傳統講究華麗的倫敦大飯店，用溫馨感來擄獲人心，Goring 選用溫暖的鵝黃色調來強調溫馨的居家感受，戶外隨風飄揚的紫色旗幟則充分顯現另一種舒適的浪漫情懷。

多樣化的空間享受

Goring 以像家一樣的環境作為元素，所以沒有其他飯店到處聳立著的大型雕塑或裝置藝術。一進到用餐區域，先看到的是充滿慵懶氣息依著小酒吧的高腳椅，桌上還備著開胃小菜，穿過這一片吧台區，走向寬敞舒適的扶手沙發，像客廳般的下午茶區，可以穿透的空間感，讓優雅品茶或是爽快喝酒的顧客都能感覺愉快。天氣好的時候，更可以步出戶外，在面對綠地的露台中享受下午茶。

這些都是一般在高級飯店內難得一

茶館資訊

推薦點心 在下午茶中加入香檳一同享用是奢華又高雅的經典 menu，在 Goring 選用香檳午茶，除了香檳之外還會搭配新鮮草莓，然後送上精緻的龍蝦沙拉當作完整的開胃小點。接下來在午茶尾聲時端上經典的英式茶佛甜點，當作完美英式午茶的句點。以完整的餐程來設計及搭配下午茶，跳脫了只享用茶與點心的傳統午茶配法，Goring 開創了另一種享受午茶的新樂趣。

Info

The Goring

- 費用：平均每人 50 英鎊
- 官網：https://www.thegoring.com/food-drink/afternoon-tea/

1 即將進入用餐區的長廊，裝潢明亮簡潔。

2 下午茶用餐區如同在家一般舒適。

3 搭配香檳的新鮮草莓。

4 代表 Goring 的鵝黃色瓷器杯盤組。

見的光景，運用各種不同的空間，讓每一次的午茶時光都這麼獨一無二，更創造出難得的溫暖家庭感受。

闔家歡樂下午茶

在飯店下午茶廳中想要全家一同享受可不是件簡單的事，一般飯店大多會限制十歲以下的孩童進入，因為 Goring 最原始的訴求就是兼具豪華與家庭溫馨的酒店，所以沒有這樣的問題，不僅如此，還貼心提供兒童座椅，除了高規格的美味午茶餐點，無拘束享受闔家歡樂、愉快的笑聲更是這裡最貼心的服務。

Betty's Cafe Tea Room

約克貝蒂茶館

傳統古城的驕傲

朝聖必訪
指標茶館
4

一九一九年來自瑞士的貝蒂茶館（Betty's Cafe Tea Room）創辦人，將樸實的瑞士點心帶到英國約克（York）這美麗的度假小鎮，並在此落地生根，配合這裡重視喜愛大自然的特質，大量使用在地食材，沒有花俏裝飾，滿滿真材食料的點心一直是貝蒂茶館（簡稱 Bettys）受歡迎的祕訣。在滿是古堡的約克郡，能像百年古蹟一樣被稱為觀光勝地，天天大排長龍的景象，作為這座古城的驕傲也毫不遜色！

日常生活的典雅風格

沒有富麗堂皇的雕刻或是閃亮垂吊的水晶燈，低調的咖啡色系門框，蘊藏著英式典雅含蓄的風格，相當平易近人，卻保有英式一貫謹慎與傳統的特質。這樣的格調從餐具也可窺見，沒有鑲金邊的歐式華麗，純白色曲線，搭配小銀壺依然時尚感十足，可以說是摩登的鄉村下午茶。

店外大排長龍的隊伍說明了 Bettys 的超人氣，穿著傳統制服圍著長圍裙的服務人員親切招呼每位客人，讓人一坐下來就忘掉煩躁的等待，沒有拘束感，就像是平常去喝茶的茶館一般，這樣的自然魅力是讓人一再造訪的原因。

目不暇給伴手禮

排隊時，不妨欣賞一下 Bettys 的櫥窗，展示著琳瑯滿目的點心與茶具禮品。Bettys 有完整獨立的商品區，就算不坐下來喝茶也能讓人盡興去逛，就像精品商店般的好逛、好買，除了點心、巧克力，店內還有吸引人的茶櫃、

茶館資訊

推薦點心 外型像一顆超大司康的 Fat Rascal 其實基本配方與司康非常相似，為了容納各種香料、葡萄乾與杏仁等配料，刻意將尺寸變大，這麼一來口感更加酥脆、紮實且香氣十足，從推出以來就是大眾喜愛的口味，也一躍成為 Bettys 最受歡迎的點心。表面以櫻桃與杏仁片裝點成眼睛與牙齒，看到的是可愛笑容還是恐怖怒顏，就能知道自己現在的心情如何，從糕點上這樣的小趣味，可以見識到約克夏人淘氣開朗的性格。

Info

Bettys Est. 1919

- 費用：每人約 18 ～ 27 英鎊
- 官網：http://www.bettys.co.uk

專業秤茶工具，光是欣賞服務人員以熟練的技術稱重打包，就像看秀一樣的令人注目！

庶民派的約克夏茶

驕傲擁有屬於自己品牌茶的 Bettys，與知名的英國茶約克夏（Yorkshire）來自同一家公司，對於茶的專業自然不在話下。在各大超市都可以看得到大名鼎鼎的約克夏茶（Yorkshire Tea），來自擁有好水質的約克郡，味道沉穩，是紮實感十足的正統英式風味，也是日常生活中享受道地英式紅茶的推薦品牌。

1 約克的 Betty's Cafe Tea Room 在街角半弧型的落地窗空間是一大特色。

2 這裡的招牌點心 Fat Rascal 也是受歡迎的名產。

3 店內永遠都是高朋滿座。

4 餐桌上一隅。

台灣紅茶巡禮

Tea Time Column

台灣紅茶的先驅

魚池鄉位於台灣心臟南投縣的中心位置，可以說是台灣紅茶最有名的產區，是屬於起伏不大的丘陵盆地地形，具有穩定的濕度，以及六百至八百公尺的海拔高度、坡向多變與磚紅土壤等得天獨厚的地理環境，早期就已發現滋味美妙的野生山茶。

在日據時代，日本人發現日月潭的栽種環境和印度阿薩姆茶區非常相似，因而開啟魚池鄉紅茶產業發展，且魚池紅茶更是當選為進貢日本天皇的御用珍品，為魚池及日月潭地區，開創享譽國際的風光年代。日月潭一帶成為台灣阿薩姆紅茶的唯一產區，日據時代總督府也在此設立紅茶試驗所，推廣阿薩姆紅茶。

台灣紅茶產業輸出直到日治末期，一九三四年是頂峰時期，成為烏龍茶、包種茶以外的第三種外銷茶類。但自一九七一年後因台灣工資高漲，尤其採茶的工資不及其他產業，造成人力外流，手採茶菁不敵國外低價紅茶，加上後來政府較積極推廣烏龍茶，紅茶產業因此雪上加霜終至沒落。

九二一震出紅茶新生

一九九九年九月二十一日台灣發生大地震，南投魚池鄉成為重災區之一，意外震出紅茶的新契機。政府推動災後重建工程，茶改場魚池分場等多方合作，重新扶植紅茶產業，二〇〇三年魚池鄉公所開始舉辦阿薩姆紅茶文化季，將台茶8號及茶改場推廣的台茶18號「紅玉」

推上市場。現在，年輕世代傳承魚池紅茶香，魚池鄉成為台灣紅茶最著名的地區。帶動高學歷及年輕世代返鄉種茶、製茶，也創立了許多新品牌，茶莊新一代茶農鎖定年輕族群，齊心努力，其中又以可體驗揉茶工法的「和菓森林」，還有可參觀製茶機器文物的「廖鄉長紅茶故事館」以及具有「紅茶爺爺」稱號的郭少三先生，其第三代傳承，年年獲獎的「東邦紅茶」，最受到注目。

台灣獨有的紅茶香

●台茶8號（阿薩姆紅茶）

於一九七三年命名，是採用印度的阿薩姆大葉種 Jaipuri 培育而成，台茶8號取阿薩姆茶樹加以改良，也廣泛稱為阿薩姆紅茶，以六到七月採下的夏茶品種最優，具有與印度阿薩姆紅茶香味類似的濃郁麥芽香，唯澀味較重，多用於調製加料飲品，大多產於南投。

●台茶18號（紅玉紅茶）

以台灣野生茶與緬甸大葉種茶配種衍生而成，茶湯具有天然肉桂香與淡淡薄荷香，其香氣則源自於台灣野生山茶，曾被紅茶專家譽為台灣特有之「台灣香」，大多以手工採茶製成條索狀，茶色紅透明亮，並具有濃郁香氣，近似阿薩姆與錫蘭烏瓦茶的綜合體，非常獨特，純飲或調製飲品都很合適，大多產於南投。

●台茶21號（紅韻紅茶）

是經過茶葉改良場近四十年的培育，於二〇〇八年所命名的新紅茶品種，許「鴻運當頭」而命名「紅韻」，以印度大葉種與祈門小葉種培育而成，茶葉帶有濃濃花果香，滋味甘甜柔美，目前在南投縣魚池鄉大量栽培，較適合純飲，大多產於南投。

●蜜香紅茶

是唯一盛產於花蓮舞鶴地區的特殊茶款，濃郁的蜜香味來自於小綠葉蟬，茶葉因為小綠葉蟬的叮咬而受損，枯黃捲曲的葉緣經過紅茶製程後，誕生出特殊蜜香，此作法原理也運用於「東方美人茶」，因為需要小綠葉蟬叮咬後的茶菁製作，所以有「蟲做一半，人做一半」的趣味說法，是大自然與人工技術結合的最佳產物。蜜香紅茶茶葉帶有濃郁蜜糖香，茶湯滋味甘甜，目前在花蓮舞鶴地區被大量栽培，純飲或調製飲品都很合適。

Part 3

時髦風尚茶生活

提升品味盡享茶趣·超人氣茶品牌推薦

精選十一款人氣茶品牌，並推薦各品牌的入門款或進階鑑賞款，提供給紅茶愛好者，藉由不同茶品牌的品茗過程，享受紅茶的多樣風味。同時，提供關於紅茶不可不知的小常識，更可以喝出美味的茶滋味。

品牌茶是什麼？

由各個公司調配屬於自己獨特風味的茶品，掛上品牌名稱後包裝出售，這就是品牌茶。而品牌茶最大的特性，就是運用專業的混調技巧，將原本單純的紅茶創造出新的個性面貌。

如果說產地紅茶呈現的，是將原為農作物的紅茶，因應天地的訊息（例如：氣候、品種等自然因素）而展現純粹魅力的大地風味，那麼，品牌茶就是混調師與大地結合孕育而生的新時代滋味。

排除自然氣候的因素，穩定且持續提供相同的味道與較安定的價格，給予顧客信賴感，還有具質感的包裝設計、時尚的風格，這些都可說是品牌紅茶的魅力。

在此精選十大人氣茶品牌，並推薦各品牌的入門款或進階鑑賞款，提供給紅茶愛好者，藉由不同茶品牌的品茗過程，享受紅茶的多樣風味。

下午茶小學堂

紅茶的風味與品質會因品種、產地、農園、採摘年度的不同而有所差異，其中，印度的大吉嶺、錫蘭的烏瓦和中國的祁門紅茶，是世界公認的三大茗茶。從清爽的大吉嶺、口感溫潤的祁門紅茶、到香氣濃郁的烏瓦，這三種茶款各具特色，也為午茶帶來不同的品飲樂趣。

經典貴族風尚

精緻的包裝、高雅的設計、還有不凡的價格，
令人感覺貴氣十足的經典品牌，
就是會讓人在特別的日子或是想要犒賞自己時品嘗。
嗅一下就像能聞到幸福芬芳，也能秀出如同貴婦般優雅的生活品味，
這都是經典貴族風尚品牌紅茶特有的浪漫魅力。

唐寧 Twinings

征服皇室與藝文界人士挑剔味蕾的極品紅茶

在倫敦市中心的河岸街（strand）上，有著超過三百年歷史的倫敦唐寧茶店。唐寧源於一七〇六年，是英國最古老的紅茶商，一七一七年更在倫敦開設世界第一家專賣茶品的黃金獅茶館，是當時藝文人士爭相造訪之地，代代相傳至今到了第九代，已行銷全球九十六個國家。除了良好的品質受封為英國皇室御用品牌之外，唐寧第三代傳人 Richard Twining 更因成功影響了英國降低茶葉關稅的功績，造就飲茶文化在英國的盛行，進而改變飲茶歷史，唐寧在紅茶業界是擁有極大影響力及地位的經典品牌。

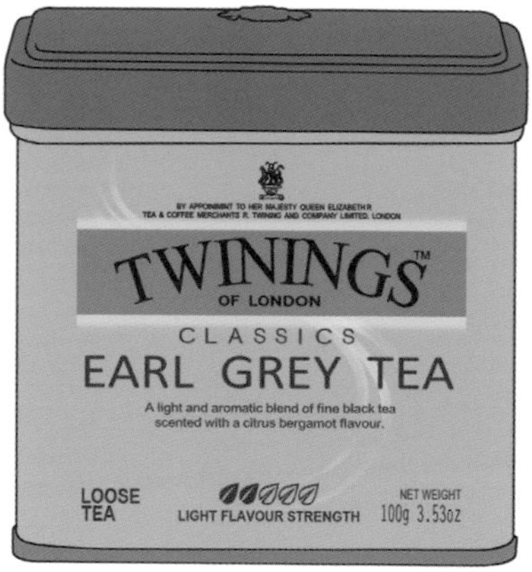

推薦茶款

1. 伯爵茶 EARL GREY TEA

茶款特色 承接自葛雷伯爵的混調配方、將佛手柑與中國紅茶調合，濃郁的佛手柑香氣與醇美的中國紅茶口感，形成的經典滋味，百餘年來受到所有人讚賞，也奠定伯爵茶成為英式代表紅茶的地位。

原 產 地 中國

適飲方式 原味、冰茶、奶茶

2. 仕女伯爵茶 LADY GREY TEA

茶款特色 以伯爵茶為基底、添加檸檬皮與矢車菊花瓣，檸檬果皮香氣讓經典伯爵茶更加清新、矢車菊花瓣則增添溫和典雅的口感，是為優雅仕女們調製的浪漫茶品。

原 產 地 中國

適飲方式 原味、冰茶

DATA

- 品牌國別：英國
- 創立年代：1706

官網／FB

- 官網：www.twinings.com.tw
- FB：www.facebook.com/twinings.tw

台灣何處購

- 各大百貨超市、量販店均售、網購

FORTNUM & MASON
PICCADILLY SINCE 1707

弗南梅森 F&M

展現皇室貴族風範的經典紅茶品牌

弗南梅森 F&M（Fortnum & Mason）是知名英國皇室御用的高級食品品牌。源自服務於皇室的梅森．修與福南．威廉先生共同創辦。堅持提供高品質皇室專屬食品之餘，更著眼於體貼入微的服務，以人名為品名的經典食品，更透露出早期貼心調配專屬個人口味的優質服務歷史，除了受封英國皇室御用品牌的殊榮，更是英國高品質食品的代名詞。三百年來不受限於潮流，堅持直營，嚴格檢視品質及周到的服務，更是讓世人景仰於唯一經典傳承的霸氣魅力品牌。

推薦茶款

1. 皇家混調茶 ROYAL BLEND

茶款特色 十九世紀英國兩大殖民地印度與錫蘭紅茶混調而成醇美茶品，厚實的口感與甜香，是典型英式皇家紅茶。

原 產 地 印度、斯里蘭卡

適飲方式 原味、奶茶

2. 弗南梅森 FORTMASON

茶款特色 大膽調合世界三大茗茶中兩款風格迥異獨特茶品：印度大吉嶺茶與中國祁門茶，芬芳高雅的香氣與恰到好處的口感，完美展現品牌高格調的技巧與品味。

原 產 地 印度、中國

適飲方式 原味

DATA

- 品牌國別：英國
- 創立年代：1707

官網／FB

- 官網：www.fortnumandmason.com
- FB：www.facebook.com/fortnums

台灣何處購

- City Super 超市、網購

Whittard

飲茶黃金時代與時俱進的品牌

在早期，賣茶的商店總是在牆壁上排滿巨大的茶葉罐，以量大貨足的形象來銷售茶葉。創辦人沃爾特．惠塔（Walter Whittard）則堅持將茶和咖啡的混合作業帶到現場，以實際的茶香和咖啡香來銷售商品，並將他的茶介紹描述為「適合大律師品嘗的茶款」來瞄準附近法院的律師們。這幾個新穎特別的方式讓 Whittard 名聲大噪。

Whittard 在戰後加上切爾西（Chelsea）為新標誌，這標誌與 Whittard 進入了一個新時代。目前在英國擁有五十家商店，在台灣也很受歡迎。招牌產品是帶有一百多種混合物的茶款和即溶茶類產品。

推薦茶款

1. 伯爵茶 33 號 EARL GREY NO.33

茶款特色 伯爵茶是英國首相查爾斯．格雷（Charles Grey）所命名的，一八三三年在他執政時期，英國廢除奴隸制。於是此茶以 33 號作為紀念這歷史時刻。加入佛手柑、矢車菊花瓣及橘子皮豐富香氣。想要體驗英式的傳統喝法，可以加上一片檸檬，昇華伯爵茶的香氣。

原 產 地 印度及肯亞

適飲方式 原味

2. 英式早餐茶 1 號 ENGLISH BREAKFAST NO.1

茶款特色 經典混調紅茶傳統上是在早餐時搭配牛奶一起享用。在二〇一四年獲得 Great Taste Award 的榮耀，是 Whittard 最暢銷的茶款。

原 產 地 爪哇西部

適飲方式 奶茶

DATA

- 品牌國別：英國
- 創立年代：1886

官網／FB

- 官網：www.whittard.com.tw
- 官網：www.facebook.com/WhittardTaiwan

台灣何處購

- 各大百貨及購物中心，例如：微風南山、華泰名品城

瑪莉亞喬 Mariage Frères

傳遞百年歷史的法國紅茶驕傲使者

瑪莉亞喬（也稱為瑪黑兄弟）可說是代表法式紅茶的專業品牌，自十七世紀起以販賣高級茶葉、各式辛香料得到皇室青睞，奠定不可取代的品牌地位，經過一百五十年不僅在巴黎設立了紅茶專門店，更以三十二個國家嚴選的茶葉混調出超過四百五十種以上的茶品，不論品質與產量還有高級的設計感都堪稱業界之首，成為新興品牌爭相模仿的對象。

推薦茶款

1. 創業紀念款 1854

茶款特色 將芬芳的茉莉調合中國茶品，呈現十九世紀歐洲各國追求中國紅茶歷史的絕美滋味，適中的茶品濃度與典雅柔和的香氣，經過一百五十年的考驗仍然受到眾人喜愛，完全呈現瑪莉亞喬卓越的法式優雅。

原產地 印度、中國

適飲方式 純茶、奶茶

2. 金色山脈 MONTAGNE D'OR

茶款特色 以熱情南國熱帶水果調合典雅中國花茶，俏皮的甜美香氣中帶著典雅花香，層次豐富口味獨特。

原產地 印度、中國

適飲方式 純茶、奶茶

DATA

- 品牌國別：法國
- 創立年代：1854

官網／FB

- 官網：www.mariagefreres.com
- FB：www.facebook.com/mariagefreres.co

台灣何處購

- 遠東百貨、City Super 超市、網購

赫迪亞 *Hediard*

表現卓越調茶師手藝的高品質紅茶

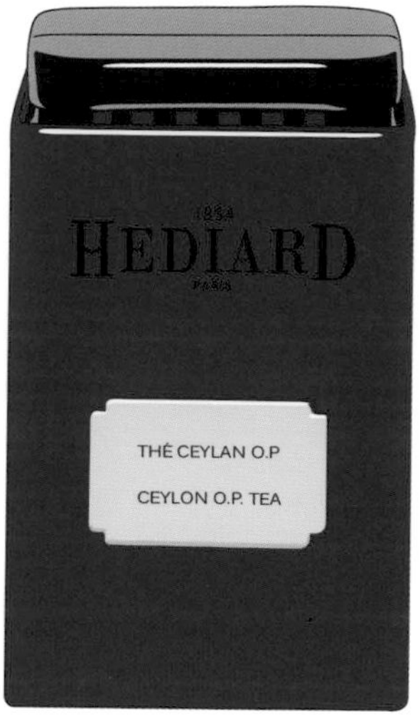

源於法國高級食材行，並在巴黎瑪德蓮廣場成立的赫迪亞品牌，以當時受歡迎的紅茶、辛香料，以及進口水果卓越品質與品味擄獲了巴黎人的心，在知名的「法國奢侈品協會」（Comité Colbert）中也備受認同，是上流社會專屬的食品品牌。後期更以掌握茶葉本質的知名品茶師為首，發展出添加各種高級果乾及香料的風味紅茶聞名，目前擁有超過百種以上的茶品。

推薦茶款

1. 特調紅茶 MÉLANGE HÉDIARD TEA

茶款特色 以伯爵茶為基底，添加甜橙與檸檬香氣散發出清新香氣，赫迪亞特調紅茶讓古典的伯爵茶呈現活潑可愛的新風味。

原 產 地 中國

適飲方式 純茶

2. 四水果茶 4 RED FRUITS FLAVOURED BLACK TEA

茶款特色 自然的莓果香氣來自於奢侈使用櫻桃、草莓、覆盆莓、紅醋栗四種高級莓果調製，多層次的莓果香讓酸甜鮮爽的好滋味更具魅力。

原 產 地 印度、錫蘭

適飲方式 純茶、冰茶

DATA

- 品牌國別：法國
- 創立年代：1854

官網／FB

- 官網：www.hediard.com
- FB：www.facebook.com/hediardparis

台灣何處購

- 誠品商場

Ronnefeldt

SELECTED TEA SINCE 1823

隆納菲 Ronnefeldt

德式浪漫工藝皇家品牌

一八二三年在法蘭克福開業的老鋪紅茶品牌。優良細緻的茶品獲得東京迪士尼等五星級飯店使用，更讓全球唯一一間七星級的杜拜帆船飯店指名使用。在日本只有隆納菲認定的店家才會販售隆納菲的產品，嚴謹程度可見一斑。在環保意識很高的德國，不推廣在古典茶品中受歡迎的亮麗華美包裝罐，所有包材均以能再生的紙質作為包裝素材，簡約高尚的外表是充分顯式德式高雅的品牌。

推薦茶款

1. 艾爾蘭麥芽 IRISH MALT

茶款特色 以濃郁的阿薩姆紅茶加上愛爾蘭威士忌與可可亞調香製成。

原 產 地 印度

適飲方式 原味、奶茶

2. 香桃花園 PFIRSICHGARTEN

茶款特色 採用桃子、玫瑰果等品質優良的果粒為主角，調和出酸甜濃郁的味道，透亮的紅色茶湯不僅單獨品嘗香甜可口，另取紅茶搭配沖泡，口感更紮實有味，是讓孕婦孩童都能品飲的甜美茶飲。

原 產 地 德國

適飲方式 原味、冰茶

DATA

- 品牌國別：德國
- 創立年代：1823

官網／FB

- 官網：www.ronnefeldt.com/teehaus/en
- FB：www.facebook.com/RonnefeldtTaiwan

台灣何處購

- 網購

TWG

充滿高級香氛氣息的高貴紅茶品牌

走到哪裡必定引起一陣旋風的TWG可說是引領時尚風潮的先驅，從茶品、茶具到店裝都是高貴奢華話題的製造者。源自於東西文化交流中心的新加坡，品牌以製作「全世界最好的茶」為宗旨，聘請來自歐洲老牌廠商的調茶師、品茶師以及品牌設計師，集結古老歐洲製茶的經驗、技術等，擁有令人稱羨並讚賞的創新專業團隊，調配出屬於二十一世紀新時代的流行時尚滋味，可以說是傳承東西方貴族文化血統的新興茶品牌。

推薦茶款

1. 1837 紀念茶

茶款特色 以一八三七年紀念新加坡成為各種香料、茶葉的出口口岸為主題，調合各式水果花卉香料的茶品，芬芳微酸的好滋味讓人印象深刻。以棉布縫製的茶包除了外型古典可愛，更蘊含著讓茶葉完全舒展，純棉布不搶茶葉香氣的專業態度。

原產地 中國、斯里蘭卡

適飲方式 純茶、奶茶

2. 奶油焦糖魯比紅寶石茶 CRÈME CARAMEL TEA

茶款特色 以南非國寶路易波斯茶調合焦糖奶油甜美香氣，獨特的調香技術呈現出法式甜點般的高貴氣息，沒有咖啡因的柔和滋味，是孕婦也能安心享用的甜美茶品。

原產地 南非

適飲方式 純茶、奶茶

DATA

- 品牌國別：新加坡
- 創立年代：2008

官網／FB

- 官網：www.twgtea.com
- FB：www.facebook.com/TWGTeaofficial

台灣何處購

- 各大百貨、101 商場

品味溫馨生活

簡潔的包裝、方便的設計，不論是解渴茶飲或是餐點搭配，
在日常生活中，是任何時刻都能享受悠閒的重要良伴。
喝杯紅茶開始一天的作息，
像規律的節奏、養分般地支持著踏實的每一天，
令人安心熟悉的溫馨滋味，就是這些品牌紅茶帶給人的生活力量。

立頓 *Lipton*

世界上最被喜愛的歷史品牌

原本是英國知名的食品材料商店，以產地直送的便宜價格，提供高品質的商品是立頓商店受歡迎的原因，一八九一年創辦人湯瑪仕・立頓先生前進錫蘭，購買屬於立頓的茶園，並調製專屬的立頓品牌紅茶，以更優惠的價格提供紅茶，一推出即造成轟動，更主打「從茶園直達茶壺的好茶」（Direct from tea garden to the tea pot）這樣的廣告，宣告新全民飲茶時代的到來。

無論貧富每一個人均可以輕鬆品茗的立頓紅茶，也是讓英國紅茶的美味揚名海外的重要推手，除了被認定為皇室御用品牌，更在一八九八年維多利亞女王授與創辦人湯瑪仕・立頓先生「Sir」的爵士稱號，成為紅茶業界最為人津津樂道的榮耀事蹟之一。

推薦茶款

1. 黃標袋茶 YELLOW LABEL TEA

茶款特色 濃淡適中的黃標立頓袋茶，入口滑順略帶甜香茶味，是喝再多都不膩口的茶款，更是最佳去油解膩的佐餐飲品。

原 產 地 斯里蘭卡

適飲方式 純茶、奶茶

2. 特級錫蘭紅茶 CEYLON

茶款特色 來自錫蘭的立頓茶園，以青罐包裝，香氣濃郁是一大特色，完美呈現錫蘭紅茶的滋味。

原 產 地 斯里蘭卡

適飲方式 純茶、奶茶

DATA

- 品牌國別：英國
- 創立年代：1890

官網／FB

- 官網：www.liptontea.com
- FB：www.facebook.com/LiptonTW

台灣何處購

- 量販店、便利商店均售

TAYLORS of Harrogate · since 1886

泰勒 *Taylors Of Harrogate*

傳遞英格蘭傳統濃郁滋味

成立於英格蘭東北部的約克郡（York），自維多利亞時代就受到皇室喜愛，強調水質與茶葉的重要關係，並依水質為基準調配出適合英國各地的茶品，更以擁有知名約克貝蒂茶館（Betty's Cafe Tea Room）提供精緻午茶服務為榮，除了飲茶，是對於享受下午茶有一番獨到見解的全方位午茶品牌。

推薦茶款

1. 早餐茶 ENGLISH BREAKFAST TEA

茶款特色 以錫蘭、印度、非洲等地茶葉調合出的泰勒英式早餐茶，濃郁的香氣與渾厚的口感，充分顯現英式早餐茶特性，是廣受歡迎的英國代表口味。

原 產 地 錫蘭、印度、非洲

適飲方式 純茶、奶茶

2. 約克夏茶系列 YORKSHIRE TEA

茶款特色 濃郁卻柔和的口感，打破英國茶普遍澀味重的刻板印象，以英國鄉村生活飲品的樸實感為調配準則，深受英國王儲查爾斯王子的喜愛，並獲得皇家認證，得以掛上皇冠標誌，當然也擄獲一票英國茶迷的心。

原 產 地 錫蘭、印度

適飲方式 純茶、奶茶

DATA

- 品牌國別：英國
- 創立年代：1886

官網／FB

- 官網：www.taylorsofharrogate.co.uk
- FB：https://www.facebook.com/TaylorsofHarrogate

台灣何處購

- 網購

帝瑪 *Dilmah*

來自純淨紅茶大國的新鮮滋味

是錫蘭第一個產地品牌，創辦人美林．J．費南多（Merrill J Fernando），年輕時曾在倫敦習茶，也看見了家鄉茶農的辛勤成果，被大型跨國公司層層剝削。為了改善這一不公平現象，他努力將近半世紀，終於在一九八八年創立帝瑪品牌，幫助家鄉茶農擺脫貧困，同時提供高品質的茶葉給消費者。強調只選用當地純錫蘭茶加以調合，善用產地優勢強調新鮮滋味，在收成兩周內立即包裝出貨，在短短二十年間就已銷售全球九十餘國，亦是各大航空公司愛用茶款。

推薦茶款

1. **古典錫蘭紅茶 PREMIUM QUALITY**

茶款特色 充分代表帝瑪茶新鮮特色的紅茶滋味，口感清新芳醇。

原 產 地 斯里蘭卡

適飲方式 純茶、奶茶

2. **葛雷伯爵紅茶 EARL GREY TEA**

茶款特色 傳統是以中國紅茶當作基底茶的古典伯爵茶，帝瑪大膽改用錫蘭產地茶作為調配基底，柔和的錫蘭茶讓佛手柑的香氣特別突出，呈現另一種清新魅力。

原 產 地 斯里蘭卡

適飲方式 純茶、奶茶

DATA

- 品牌國別：斯里蘭卡
- 創立年代：1988

官網／FB

- 官網：www.dilmah.com.tw
- FB：www.facebook.com/DilmahTaiwan

台灣何處購

- 各大百貨超市均售

NITTOH BLACK TEA
日東紅茶

日東紅茶 Nittoh

日本第一的國民品牌茶

是日本第一個國產紅茶，早期以三井紅茶為名，自台灣運送高品質茶葉到日本，針對日本水質以特別纖細敏感的味覺調配出適合日本人口味的紅茶，是日本人最熟悉的紅茶品牌，推廣紅茶在日本的發展有著不可取代的歷史地位。近幾年這樣的口味同樣引起亞洲買家的青睞，現在更成為代表亞洲口味的紅茶品牌之一。

推薦茶款

1. 濃醇紅茶

茶款特色 以阿薩姆與錫蘭混調茶調合而成，久泡也不澀口、濃郁香甜的重味紅茶。

原產地 印度、斯里蘭卡

適飲方式 純茶、奶茶

2. DAILY CLUB

茶款特色 選用斯里蘭卡、印度紅茶葉，有豐富茶香，是日本最常見的紅茶茶包選擇。

原產地 印度、斯里蘭卡

適飲方式 純茶、奶茶

DATA

- 品牌國別：日本
- 創立年代：1930

官網／FB

- 官網：www.nittoh-tea.com

台灣何處購

- 各大百貨超市均售

Tea Time Column

造型多樣的紅茶包

袋裝紅茶俗稱「紅茶包」，茶包最早出現在二十世紀初，一位英國的茶商人，因為客戶眾多沒有辦法一一說明適當的茶葉用量，於是將適量茶葉包在棉布袋中交給客戶試飲，無意中發現直接沖泡棉布袋裝茶葉，沖泡出的茶湯不但美味，而且只要裝對分量任何人都能泡出好喝紅茶，沖泡後更只要直接丟棄棉布茶袋即可，無需濾茶器具，因為簡單方便而開始盛行，後來美國的茶商人加以開發，成為現在眾所皆知的茶包。

以往茶包總給人一種親切的生活感，可以在辦公室的茶水間看見它，速食店提供熱紅茶的紙杯中找到它，也常出現在媽媽廚房燉茶葉蛋的鍋子裡……輕鬆方便是大家選擇茶包的主因，因為如此，紅茶包似乎很難跟高雅的英式下午茶扯上關係。

不過在近幾年，做工精巧的高級茶包越來越多，也開始被使用在正式的下午茶中，尤其是茶包棉線上的品牌標籤，讓茶葉即使泡在壺中，依然能顯現出身尊貴，啜飲這樣高級茶品的幸福感，似乎成為享受午茶小確幸的環節之一。雖然濾紙茶包因價格公道，被廣泛使用，但傳統的棉布茶包，其手工縫製、復古可愛的造型再度受到歡迎，茶包也因多變化的外型、優雅的質感，成為另一種時尚的伴手禮。現在茶包不再平凡，反而成為紅茶市場上的新寵兒！

▲茶包從以往棉布材質，開發出不織布、濾紙、尼龍等新材質，此外趣味造型的茶包，也成了令人驚喜的禮物。

輕鬆成為紅茶達人的四部曲

沖泡紅茶難嗎？只要丟下茶包加上熱水就可以了？

如果只把紅茶當成解渴飲料，那麼就太可惜了！別忘了紅茶可是來自優雅的維多利亞時代，但是要怎麼喝才能更有品味，更貼近英式風雅？

以下這個章節將告訴你，在丟下茶包之前，有些你一定要知道的紅茶知識，想要真正品味紅茶生活，跟著以下四個主題快速掌握精華小撇步，成為紅茶達人吧！

紅茶小常識 1 紅茶、綠茶、烏龍茶有何不同？

紅茶、綠茶、烏龍茶有些什麼不同？如果單純以水果乾燥，變成水果乾的概念來想茶葉，就很容易認為茶樹不同，所產的茶品就不同，紅茶由紅茶樹葉乾燥製成？綠茶就由綠茶樹製成的嗎？

其實，簡單來說，紅茶、綠茶、烏龍茶最大的分別，不在於茶樹品種，而是在於茶的製作過程。製茶的原料來自於茶樹，摘採自茶樹的葉子稱為「茶菁」（也稱為鮮葉），製茶過程中，將茶菁揉捻後放置，讓其「發酵」的這個製程對於茶滋味會產生重要改變，隨著發酵時間越長，茶品口感越醇厚，香氣由草青香轉換成甘甜香或果香也越明顯，因此發酵程度的不同，是決定茶滋味的重要過程，也就是說同一種茶葉採摘後，可以根據需求決

下午茶小學堂

紅茶英文為「Black Tea」，命名取自於乾燥茶葉的外觀色調偏暗黑色，而中文「紅茶」則取自於茶湯呈紅褐色之故。

定發酵程度，進一步製成綠茶、烏龍茶或紅茶。

當然，除了發酵、茶樹品種、製作環境、工法等等，一點一滴的因素都是決定茶美不美味的條件。從以上的原則來看，可以概略將茶分成：不發酵茶、半發酵茶以及全發酵茶。

◎綠茶→不發酵茶

通常利用高溫來抑制發酵作用，是最接近茶樹原生滋味的茶款，帶著綠草清香，偏綠的茶色帶著苦味，口感微澀是綠茶的特色。

◎烏龍茶→半發酵茶

在製程中茶葉發酵到一半就阻斷發酵工程，可經控制發酵程度多寡，來決定茶品風格，也是最多變化的一種茶款，像發酵程度輕的翠玉、程度高的鐵觀音，都涵蓋在烏龍茶的範圍，大多數的烏龍茶茶湯，色調橘紅淡雅，帶著豐富花果香氣，口感柔和是烏龍茶受歡迎的主因。

◎紅茶→全發酵茶

完全發酵茶，屬於熟成茶款，乾燥的茶葉外觀色調暗黑，茶湯多呈紅褐色，偏甜熟果的蜜糖香氣，口感醇厚甘甜卻不膩口，深受各國喜愛，也是最普及的茶款。

2

3

1 未發酵的綠茶，茶湯色澤清綠，且口感微澀。

2 烏龍茶的茶湯偏橘紅色，口感溫潤帶有花果香。

3 屬於全發酵的紅茶，茶湯呈紅褐色，口感甘醇香氣十足。

認識紅茶的製程

帶有誘人香氣的紅茶是如何製作出來的呢？目前流通在市面上的製法有許多種，就最傳統紅茶的製程約略可分為：採摘→萎凋→揉捻→發酵→乾燥→分級，共六個階段。

1 採摘

多為一心二葉，傳統紅茶製成的

茶的種類

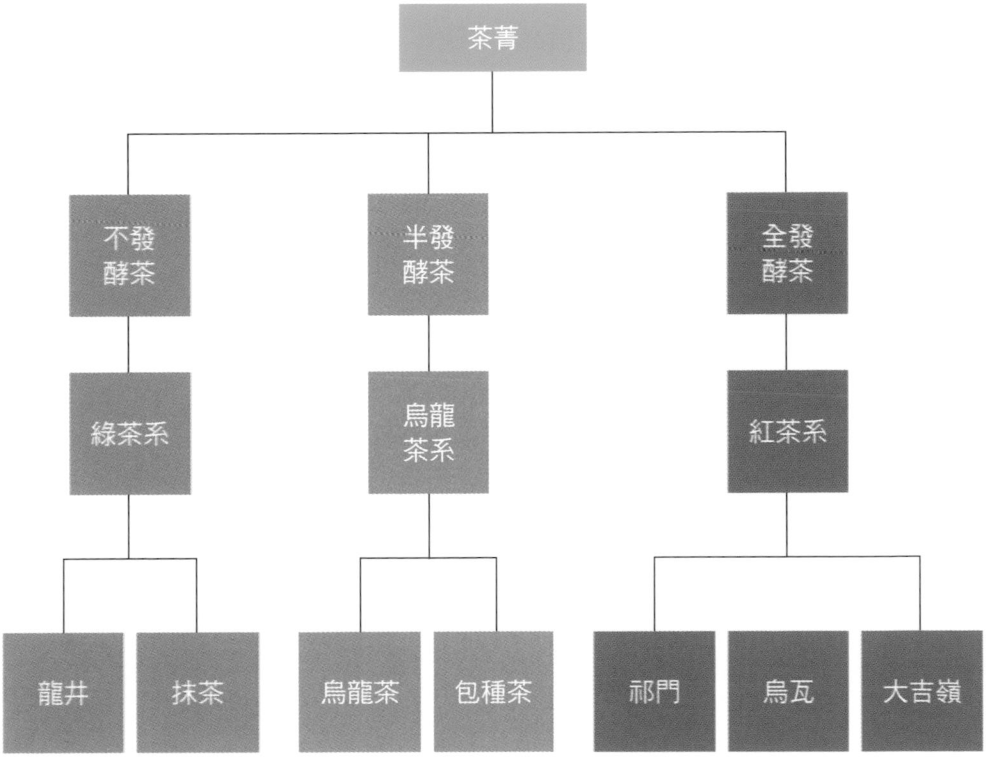

採摘標準為選取茶樹頂端嫩芽一心二葉，有時也會因為嫩芽葉含量高的茶樹品種，進而採摘一心三葉或一心四葉的情形也時有可見，含有豐富香氣的鮮嫩芽葉，通常是採摘的第一選擇。

2 萎凋

將採摘後的嫩芽放置於萎凋槽中使其自然散失水分，而脫去水分也讓葉片變得柔軟，有利於後續揉捻的製程。

3 揉捻

將水分已散失的茶葉施加揉、壓等力量破壞茶葉的細胞組織，讓芽葉受到外力而外溢的茶汁附著於茶葉表面，進而加速氧化作用。

4 發酵

將經過揉捻後的茶葉放置於高溫高濕的環境中，讓茶葉所釋放茶汁液中的酵素與空氣產生氧化作用，這個過程就是發酵，發酵作用決定了茶品沖泡時所呈現的湯色、香氣與滋味。

註：這裡的發酵指的是茶葉中的汁液與空氣結合後自然產生的化學變化，與納豆或豆腐乳以乳酸菌發酵的過程略有不同。

5 乾燥

以熱風將茶葉加以高溫乾燥，最重要的作用是停止發酵、鎖住茶葉香氣，還有降低濕度便於保存。

6 分級

篩選葉片大、小一致的茶葉，將其分類後包裝。

紅茶概略製程

採摘 人工採摘一心二葉或三葉

↓

萎凋 讓茶菁水分自然蒸發，變柔軟以利揉捻

↓

揉捻 破壞茶組織，利於茶味散出及茶葉成型

↓

發酵 紅茶的香氣與色澤在此步驟形成

↓

乾燥 以熱風乾燥，中止發酵及去除多餘水分利於保存

↓

分級 進行茶葉篩選及包裝

紅茶小常識 2 茶葉等級如何分辨？

茶葉等級，雖然說是等級，但在這裡指的並不是品質、水準與美味的標準，而是為了區分茶葉的形狀、尺寸所設定的辨別方式，依照大小主要分為FOP（Flowery Orange Pekoe）、OP（Orange Pekoe）、BOP（Broken Orange Pekoe）、F（Fannings）等。分級的目的是因為茶葉的大小會直接影響到沖泡時間的長短以及風味的濃郁程度。

了解以下三種常見的等級，是輕鬆掌握沖泡時間與適合原味品嘗或奶茶品嘗的關鍵要素！

◎FOP（花橙白毫）

Flowery Orange Pekoe，選用位於茶樹頂端，芯芽毫尖色澤橙黃帶有花般香

不同等級茶葉比較

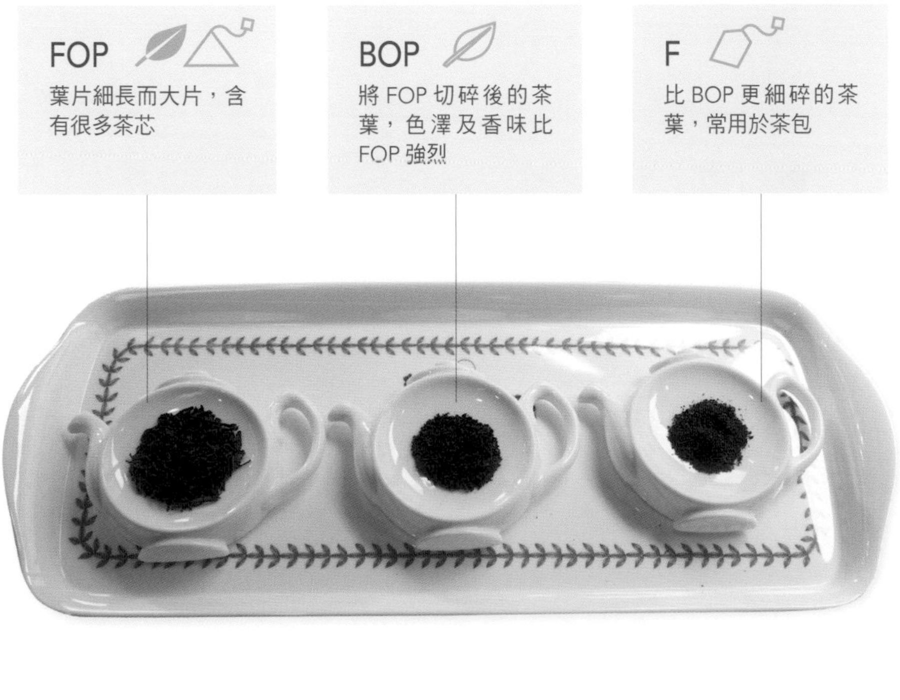
FOP
葉片細長而大片，含有很多茶芯
BOP
將FOP切碎後的茶葉，色澤及香味比FOP強烈
F
比BOP更細碎的茶葉，常用於茶包

氣的大量嫩芽作為原料，所製成的全葉茶、大小約20～30㎜適合原味品嘗。

◎BOP（碎橙白毫）

Broken Orange Pekoe，多以茶枝芯芽以下的第二葉片碾碎後製成，大小約2～3㎜、茶葉呈細碎型態、滋味濃郁能快速沖泡出茶的滋味，原味及奶茶飲用都適合。

◎F（碎茶末）

Fannings，比碎茶更加細小，多使用於茶包、大小約1㎜，能快速萃取出茶湯，是最快速方便的茶品，原味及奶茶飲用都適合。

袋茶常用的茶葉等級

三角袋茶

袋子材質硬挺，形狀為立體三角形，用在盛裝茶葉葉片較大的茶袋，通常採用等級 FOP 茶葉。

平口袋茶

平口袋茶是最常見的袋茶形態，通常採用等級 F 茶葉，以兩個茶袋一邊 1 公克，共兩袋合一（Double Chamber）的型態是最普遍的。

茶葉的部位名稱

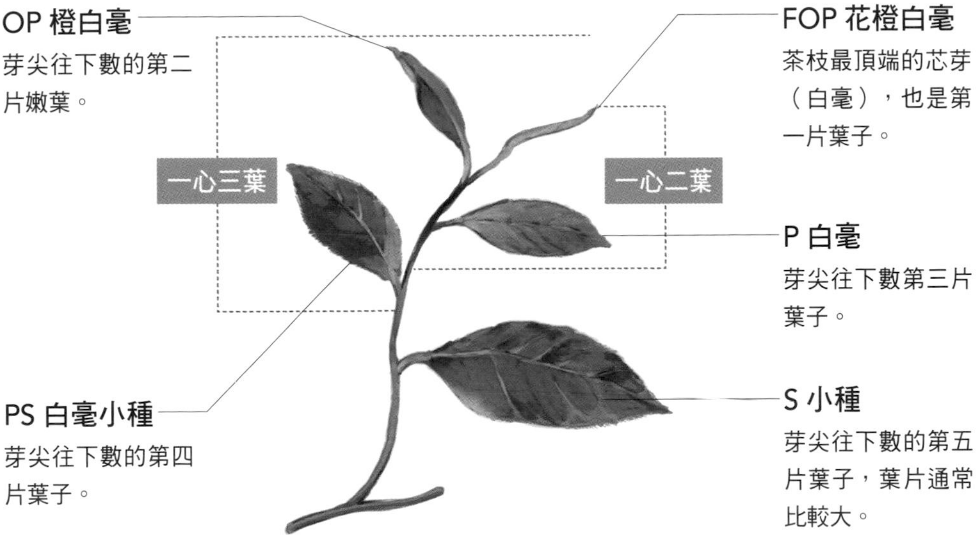
OP 橙白毫
芽尖往下數的第二片嫩葉。
FOP 花橙白毫
茶枝最頂端的芯芽（白毫），也是第一片葉子。
一心三葉
一心二葉
P 白毫
芽尖往下數第三片葉子。
PS 白毫小種
芽尖往下數的第四片葉子。
S 小種
芽尖往下數的第五片葉子，葉片通常比較大。

茶葉分級表

分級	名稱	說明
FOP	花橙白毫 Flowery Orange Pekoe	指 OP 等級的嫩茶葉中含有很多芯芽，所製成的全葉茶，芯芽越多，等級越高。
OP	橙白毫 Orange Pekoe	新芽以下的第二片葉子或對葉，因接近頂端的嫩芽比其他葉子更接近橙黃色，所以稱之。
P	白毫 Pekoe	比 OP 稍老的葉子，葉片通常較短，是紅茶採摘的基本標準。
S	小種 Souchong	新芽數來第五片葉，成熟的大葉片。
BOP	碎橙白毫 Broken Orange Pekoe	Broken 代表碎型，將 OP 等級的茶葉切碎，含有大量芽尖。
BOPF	碎橙白毫片 BOP Fannings	由 BOP 再切碎的茶葉，所沖出的茶湯更濃。
F	碎茶末 Fannings	茶葉比碎茶更細，多用於茶包製作。
D	茶粉 Dust	茶葉篩選後從篩盤掉落的茶粉末，尺寸最小。

紅茶小常識 3

產地茶、混調茶、風味茶有何不同？

紅茶的產地遍布全球，因各地的土壤、氣候等自然環境條件的不同，造就滋味、香氣各異的紅茶，加上混搭不同產地的茶葉，或是加入果乾、花朵、香草等素材，讓紅茶的風味更是千變萬化，以下介紹常見的紅茶的種類（關於常見紅茶種類的特色、風味，請見「附錄一：常見紅茶特色說明表」）：

◎產地茶

以原產地名稱為品名的茶品，不與其他茶葉混調，只呈現最原始的產地茶原味，知名的產地茶有：印度大吉嶺、印度阿薩姆、錫蘭烏瓦、錫蘭肯地、中國祁門、中國正山小種等。

◎原味混調茶

以兩種以上的產地茶加以混調而成的混調茶，通常這類混調茶為了呈現優於純產地茶的滋味或特殊目的而調整搭配。

例如：英式早餐茶，就是以適合搭配早餐飲用而調整，原則上會以有利於減低餐點油膩感，以及因應英國人早晨喜愛喝奶茶的特性，特別適合調配成奶茶的茶葉為基準，所以早餐茶的滋味通常為濃郁厚實的茶款。

◎風味混調茶

以紅茶為基底加入乾燥水果、香料、花卉、精油等食材，或其他調味品加以調配而成，稱之為風味茶，其中單純只以精油增加香氣，外表仍與一般紅茶無異，這樣聞得到紅茶以外香氣的茶款也稱為「賦香混調茶」。例如大家熟知的伯爵茶，其傳統配方就是

1 花草經過乾燥後，可製作成沖泡用的花草茶，通常不含咖啡因，與混入紅茶茶葉成為風味茶有所不同。

2 香草、花卉、果乾等食材可以加入茶葉中，形成口感、香氣獨特的風味混調茶。

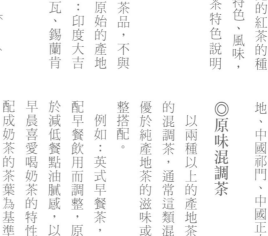

紅茶的種類

- 產地茶
  - 原味
    - **印度**—代表茶：大吉嶺
    - **錫蘭**—代表茶：烏瓦
    - **中國**—代表茶：祁門
- 混調茶
  - 原味混調
    - **下午茶**
    - **晚餐茶**
  - 風味混調
    - **風味混調茶（Blended）**
    - **賦香混調茶（Flavor）**

以中國紅茶為基底，加入香檸檬精油薰香而成的混調茶款。

近來由於伯爵茶受到廣大歡迎，各家茶品牌在原有的精油薰香配方之下，再添加各種花卉、果粒，發展出其他特別的伯爵茶款。例如最有名的「法式藍伯爵茶」，就是在原有薰香基礎之下，再另外添加矢車菊（藍芙蓉）與金盞花，營造出更加華麗的風味，成為另一種受歡迎的選擇。

▲產地茶是以原產地的地名來命名，以彰顯其風土特色。

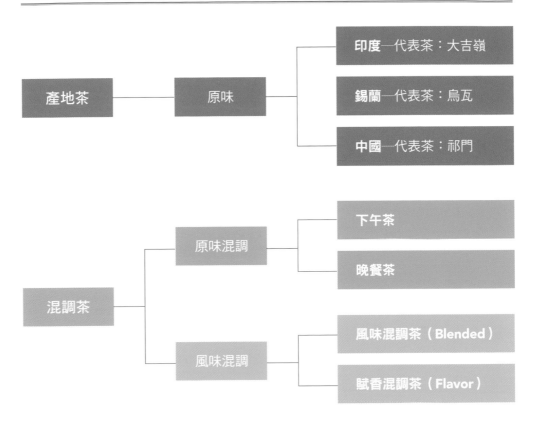

紅茶小常識 4
如何挑選茶款搭配點心？

對於一般人來說，紅茶總是跟甜點連在一起，但其實紅茶成分與紅酒非常相似，紅茶的主要成分「茶單寧」對於食物中所含的油脂成分，具有良好的分解效果，茶單寧能使口腔一直感覺清新，不易產生膩口的感覺，所以任何食物都可以搭配紅茶享用，而且紅茶沖調方式多變，也是所有茶類（紅茶、綠茶及烏龍茶）中最能輕鬆與各種餐點搭配的一種茶品。

現在市面上流通的原味產地茶或混調茶約有二十款，風味茶更將近兩百款，如果再加上紅茶多變的沖泡方式（原味、奶茶及冰茶），這樣說來就有上千款變化，要依每一款的特性來說明如何搭配餐點是很困難的，再加上飲食習慣不同，搭配時的考量點也

下午茶小學堂

關於伯爵茶的介紹，坊間大多以添加「佛手柑精油」的風味茶來說明，事實上佛手柑的中文翻譯應修正為「香檸檬」，原因是這兩種同為芸香科的植物英文名稱相似，而長期被誤植所致。

香檸檬（Citrus bergamia），又名香柑、香檸檬橙，是芸香科柑橘屬中，一種小型、形狀似梨的柑橘類水果，香檸檬的常用英文為 bergamot 或 bergamot orange，這個名字長期被誤譯為佛手柑，實際上佛手柑和香檸檬是截然不同的兩個品種。

佛手柑（Citrus medica 或 Citron）一樣是芸香科柑橘屬，是枸櫞（香櫞）的變種，果實在成熟時，頂端分裂如拳頭或指狀，形成細長彎曲的果瓣，故名佛手柑。

會跟著不同，例如：習慣以整體平衡做考量？以點心滋味為優先？或者以茶風格為優先？這些因素都會讓搭配方式有所改變，其中的學問雖然複雜，但仍可依以下的原則來了解。

搭配指南A

1 如果你最講究均衡感

那麼就選用以茶與點心調性相似，整體平衡的搭配方式。

◆清爽的茶搭配清爽的點心↓例如：大吉嶺搭配戚風蛋糕。

◆濃郁的茶搭配濃郁的點心↓例如：阿薩姆奶茶搭配巧克力蛋糕。

2 如果你是甜點控

可以選擇清新爽口茶品搭配濃郁點心享用，爽口茶品不但能消除口中油膩，更是促進食慾突顯點心滋味的好幫手。

◆爽口的茶搭配濃郁的點心↓例如：錫蘭汀布拉茶搭配肉桂糖霜蛋糕。

3 如果你是愛茶人

推薦選擇能為茶加分、突顯茶湯滋味的甜點為搭配主軸。

◆濃郁的茶搭配柔和的點心↓例如：錫蘭烏瓦奶茶搭配原味司康。

如果以上的原則對你來說還是太過複雜，那麼就對照「附錄二：紅茶搭配大師表」，依品嘗方法、茶款特性、點心這三個分類比對搭配，應該就簡單許多！

搭配指南B

1 品嘗方法

品嘗方法常見的有原味茶、奶茶、冰茶、冰奶茶這四種。

2 茶款特性

可略分成爽口型、溫潤型、濃郁型、特殊香氣型。

3 點心分類

油脂成分較少的爽口點心／奶油成分較多的點心／巧克力、起司、油炸點心、肉製品等。

Tea Time Column

弗南梅森（F&M）竹籃——百年人氣不墜的伴手禮

一七〇七年創辦的弗南梅森（F&M）不只是專業紅茶品項令人讚賞，很難想像，在三百年前弗南梅森就有著比起現代商業毫不遜色的行銷軟實力，許多傳奇事蹟就像時代劇一樣精彩。

樂於成為馬車伕的好朋友

一七一〇年左右，身為皇室御用龍頭百貨的F&M對於服務皇室貴族的各種技巧自有一套精闢的見解，但F&M並沒有滿足於現狀，為了獲得更廣大的貴族顧客群，F&M把眼光轉移到駕著馬車載著貴族夫人消費的馬車伕身上。有鑑於交通混亂，F&M百貨發現能夠快速順利地讓來到門前的貴族下車購物，方便停車的設施是很重要的，所以設置了大型停車場，並提供舒適的空間以及飲品讓馬車伕們在等待主人購物時也能輕鬆休息，更進一步分擔照顧刷洗馬匹的服務，對於看似沒有消費力的馬車伕族群，卻照顧的無微不至，結果當然得到馬車伕的一致讚賞。

不過，此舉在當時位階分明的保守社會引起一陣議論，F&M無視於其他同業的質疑，認為雖然居於下位但某種程度是掌握行動方向機會的車伕，就是另一種促進消費的重要宣傳對象，只要有機會車伕一定會向主人推薦對自己最方便有利的F&M百貨，事實也證明有了停車場的設施之後，讓F&M百貨的業績蒸蒸日上，還得到「無論你是誰，來到F&M就能享受品味生活」這樣的好評。這一點也讓後期崛起憧憬生活品味的商人、中產階級們優先選擇F&M百

▲創立於 1707 年的弗南梅森百貨，至今仍在倫敦皮卡迪利（Piccadilly）181 號。（照片來源：維基百科 wikipedia.org）

貨，其延伸出的商業效應是難以估計的。

翻身成為溫情象徵的品牌

此後的F&M就一帆風順？那可不！一九一三年第一次世界大戰開始，整個英國社會陷入愁雲慘霧的情況，因為戰爭使得百業蕭條，當然F&M百貨也身陷泥沼，尤其在社會動盪時，貴族貪圖自身享受的輿論壓力之下，也嚴重衝擊了代表服務奢華貴族的F&M百貨。

F&M並沒有因為無法掌控時代因素而畏縮，反而積極尋找轉型的機會，此時觀察到店裡帶著濃厚英國當地特色的罐頭類等可保久食品的銷售量攀升，進而發現，人們為了作戰而不能回家的親人，將此類保久食品寄到戰區給前線作戰的戰士，於是F&M絞盡腦汁打通困難的運送條件，將裝滿了英國家鄉風味的肉類罐頭、果醬、紅茶等食品，裝入繡上大大F&M品牌的竹籃裡，以傳遞家鄉溫暖的品牌形象大方進入前線戰場，不但開拓了新的生意模式，更搖身一變，擺脫戰爭時刺眼的奢華印象，成為關懷前線、提振士氣的溫暖大使。F&M品牌也跟著竹籃傳到更多地方，品牌知名度因此自然拓展開來。

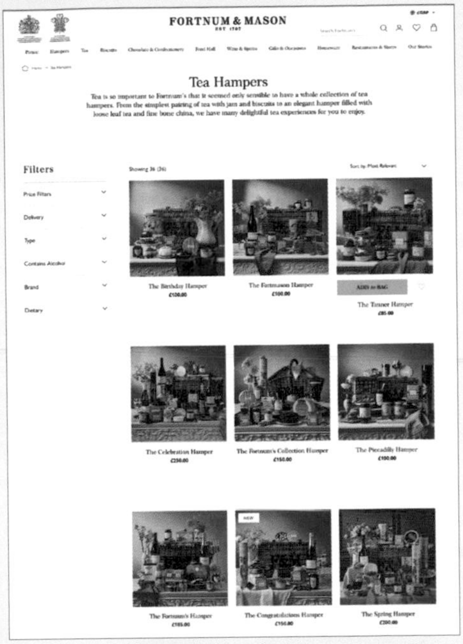

▲在 F&M 的官網 www.fortnumandmason.com 可以看到多樣化的竹籃禮盒。

滿足每個人心中對品味生活的渴望

直到今天走進F&M百貨依然很容易找到各種大小尺寸的F&M竹籃，裝著更多樣化商品的竹籃，現在則以神祕溫暖的禮物之姿熱賣，經過百年仍是F&M最受歡迎、高貴的伴手禮。

不論是創新的泊車場或是轉變形象的溫暖禮物籃，不得不佩服F&M行銷的獨到眼光，我想F&M能領先其他品牌更快找到創新的商業模式，很重要原因是在於商業之前，對於人文生活所需的細膩觀察，充分顯現英國人事事講究優雅生活的堅持，就算是處於位階低下的勞動者或在兵荒馬亂的大時代裡，能夠滿足每個人心裡對於追求品味生活的渴望，或許就是F&M屹立不搖的成功之道。

Part 4

屬於你的一週 Tea time

獨享或分享皆美好的紅茶滋味

學會沖泡好喝紅茶的要領、變化成調味茶的訣竅，以及設計一週的下午茶菜單，無論是一個人的放鬆時刻，或是兩個人的甜蜜約會，還是三五好友的歡聚派對，天天都能享受悠閒的午茶時光。

維多利亞品茶法

想要學習沖泡正統英國紅茶，就要先了解來自英國維多利亞時期，被所有仕女們奉為紅茶聖經的「黃金守則」。當時為了讓所有人都能正確享受原本專屬於上流社會的美味紅茶，而發展出這個簡單易懂的紅茶沖泡方法，至今已傳承超過兩百年並遍及各個國家，是適用於各式紅茶的美味祕訣。在罐裝茶飲當中，來自日本的「午後の紅茶」也採用此製法調製茶品。

細說黃金守則

沖泡好喝紅茶的第一步就是選擇優質的茶葉以及正確的計量，不同等級的茶葉所需要的沖泡時間並不相同，

沖泡紅茶的黃金守則四要素

1 挑選上好的茶葉並正確計量。

2 加入新鮮沸騰的熱水。

3 確實地將茶葉悶於杯中或壺中。

4 將茶水一滴不剩完全倒出。

（最後一滴紅茶被視為最美味的茶湯，又稱黃金滴！）

所以了解紅茶的等級及計量方法就是邁向沖泡好喝紅茶的第一步。

在沖泡紅茶之前，絕不可以忘記先將茶壺、茶杯溫熱，除了可以讓茶水溫度不易下降之外，更可充分地勾引出茶的香氣及味道。

剛從水龍頭流出的水，新鮮且富含空氣，加以煮沸後馬上使用最好。加入茶葉及新鮮沸騰的熱水，只要遵守正確的沖泡時間，讓茶葉慢慢地釋出味道及香氣，在等待的過程中，記得套上保溫茶罩，不讓冷空氣使茶水溫度下降，在充分的浸泡之後，就可以擁有一壺好喝的紅茶。

紅茶沖泡完成後，應使用濾茶器完全地過濾茶葉，並將茶水一滴不剩的倒出，因為最後一滴茶凝聚了最濃郁美味的紅茶風味，又被稱為「黃金滴（golden drop）」！

終於到了享用紅茶的時間了，別忘了附上牛奶及砂糖、檸檬，可以適時地添加進紅茶中，品嘗不一樣的紅茶風味，更可以配上各式茶點，讓這個下午茶時光更加精彩豐富。

1 檸檬可以增添紅茶香氣，將切片放入紅茶中稍加攪拌即可取出。

2 糖及牛奶是紅茶的好伴侶，可以創造不同的紅茶風味。

3 用黃金守則沖泡紅茶，使用耐熱玻璃茶具，方便觀察茶葉量及水量。

泡紅茶的基本器具

工欲善其事，必先利其器，
想沖泡一壺好茶，好用的泡茶配備自然不可少，
以下介紹常見的泡茶器具。

茶壺

材質以保溫性佳的陶瓷為優，壺身選擇圓形、寬大的壺型，注入熱水時以利茶葉充分伸展、上下翻動。耐熱玻璃壺因方便觀察茶葉量及水量，也廣受歡迎。

茶杯與茶托

紅茶多半香氣清雅，茶杯杯緣以外擴、容易散發香味的杯型最為適合。裝熱茶的茶杯燙手，使用茶托可便於端取，而成套的茶杯及茶托更為賞心悅目。

茶葉量匙

以有較深凹槽、容易舀取茶葉的造型為佳。

計時器（沙漏、電子計時器）

舉行茶會時可以選擇優雅的沙漏增添氣氛，平時則可選有提醒功能的電子計時器，精準計時。

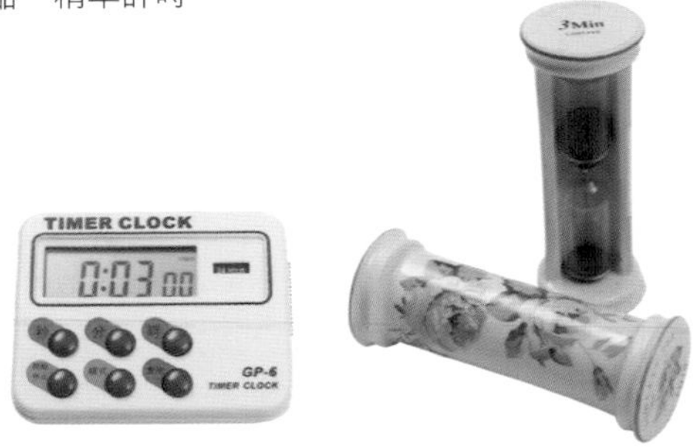

茶罐

以不透光、密封效果好的陶瓷、馬口鐵材質為佳，可隔絕空氣和陽光。

茶壺罩

選擇使用保溫性高的厚棉布，與不易變型立體車縫方式製作的茶壺罩最佳。

濾茶器

以濾孔細緻，把柄略長較適用於各種茶杯、茶壺為佳。

茶包碟

用來放置茶包，也可盛裝方糖、檸檬片。

認識經典茶具品牌

十七世紀前後，歐洲人自東方引進大量茶葉的同時，也促進更多東方瓷器的需求，從此，這個來自東洋的美麗誘惑，改變了歐洲人的生活及歷史。

歐洲瓷器發展簡史

在中國不被成套使用的茶碗與茶盤，在輸入英國後，由於貴族怕燙，而將茶水倒在茶盤上降溫以方便飲用，就這樣，東方茶碗與茶盤開始被成套使用，後期也演進成為現在的西式杯盤組（Cup & Saucer）。

直到十八世紀初，安女王時代，茶壺引進英國之後，改變了從前以鍋子煮茶的方法，喝茶變得更方便，也更受歡迎了，只是，從中國引進的陶瓷製小茶壺，雖然比起從前以鍋子煮茶的方法方便許多，但容量太小待客不便，於是安女王有了製作大茶壺的想法，因為英國並沒有製作瓷器的材料及技術，所以就使用既有的銀器來製作容量大，又不易摔破的茶壺。這個形狀像洋梨的銀製大茶壺，又被稱為「女王茶壺」。

雖然有了銀製的茶具，但是對於英國貴族來說，真正自中國進口的藍白瓷器還是充滿「真品」的吸引力，貴族們無不以擁有「真品」而自滿，這種收集中國進口瓷器的興趣也被稱為「東洋趣味」，並在歐洲各國蔚為風潮，而這樣不顧一切收集昂貴瓷器的風氣，漸漸導致各國在財政上的困難。

此時的薩克森選帝侯及波蘭國王奧古斯特二世（Augustus the Strong），便積極的想要改變這樣的情況，於是開始研究生產瓷器的方法。奧古斯特

▲ 來自中國的古董茶碗與茶盤。

▲ 深受歐洲貴族喜愛的中國風藍白瓷器，被運用在喝茶使用的西式杯盤組上。

二世組織了一個以煉金師貝特格、釉彩繪畫師海洛特為首的製瓷團隊，終於在一七〇九年研發成功開始自製瓷器，奧古斯特二世也想要將這些瓷器販賣給鄰國喜愛瓷器的貴族，於是在一七一〇年開始量產。

為了讓自己成為歐洲唯一生產瓷器的地方，保護瓷器製作方法不會外流，不但限制工匠們的行動自由，還將生產製作瓷器的工廠搬遷到位在偏僻高山、周圍被河流包圍的地方，這個地點也就是現在德國的瓷器重鎮——德勒斯登。

雖然成功了製造了瓷器，但販賣自製瓷器的這件事並不順利，貴族們仍認為真正自中國進口的稀有瓷器才具有收藏的價值，對於德國生產的瓷器沒有太大的興趣。而且由於長期限制工匠們的行動自由也導致許多反彈，使得製瓷工作遭遇重重困難，工匠紛紛逃出德勒斯登，瓷器的製法便分散流傳於各地。在德國成功製瓷的五十年後，製作瓷器的祕密也輾轉流傳到了英國，雖然有了製作方法，但英國還是缺少了許多原料，偶然加入骨粉燒製，成功發展出受人喜愛的骨瓷，英國自此走向骨瓷王國的道路。

下午茶小學堂

一般而言，瓷器並不需要特別的保養，只須留意清洗後不要產生水痕即可。飲用後，若茶具已沾染咖啡、茶水的污垢，可以在溫水中，加入中性的清潔劑或小蘇打粉浸泡一至兩小時，再徹底清洗乾淨即可。並使用細緻柔軟的乾布來擦拭，以免刮傷杯子。除了有特別標示之外，杯子不要放置於烤箱及洗碗機中，尤其金邊茶具特別不適用於微波爐。每次飲用後，應儘速清洗乾淨，雙手就是最好的洗滌工具。鍍金的杯子較難保養，如果日常頻繁使用，刮傷在所難免，而鍍金的氧化處，可以使用軟橡皮擦或拭銀布擦拭，即可恢復亮麗如新。

市面上有販售的白色科技海綿，用清水沾濕即可使用，對清理杯子的茶垢、咖啡垢有很好的效果，但切勿使用在金彩和手繪圖案處，以免有掉色的危險。

給入門者的選購收藏指南

對於剛開始收藏品茶瓷器的人來說，實用是最重要的事情，所以不建議挑選「特別罕見」的產品，會持續生產，能夠修補破損及增添新品項的國際性大牌，其經典常態性產品是最好的選擇。

款式方面則建議可以先選定一種主軸，以下三個方向供參考：

❶ 依照「杯型」：花型杯、高耳杯、咖啡紅茶兩用杯……

❷ 依照「花色」：帶著東方調性藍白色、英式玫瑰花粉嫩色、金邊白底素色……

❸ 依照「材質」：骨瓷、石陶器、陶器……

選定主軸後，接著依照自己喜愛的方向挑選，這樣就能慢慢收藏，累積既實用又能搭配於同一茶桌的茶具了。

1 各瓷器品牌都有其經典款，適合作為入門者的首購方向。

2 同系列瓷器不見得一次購足，可以先挑選喜歡的單品，再慢慢蒐集。

3 神聖羅馬帝國的薩克森選帝侯及波蘭國王——奧古斯特二世酷愛收藏東方瓷器，甚至成立製瓷廠，意外促成歐洲瓷器產業的發展。（圖片來源：維基百科 wikipedia.org）

經典瓷器品牌 ❶
麥森 *Meissen*

麥森的白瓷上有著精細浮雕，展現其工藝精品的特色。

麥森瓷器發展於德國德勒斯登，當時瓷器象徵皇室貴族的財富與地位，歐洲貴族對於瓷器狂熱喜愛，其中最為熱衷的是奧古斯特二世。一七〇一年，年僅十九歲的煉金師貝特格奉命前往德勒斯登研發瓷器，在費時七年終於燒出第一團白色瓷土，一七二〇年以前，麥森所有的產品皆是未上顏料的素白瓷，釉彩繪畫師海洛特努力下研發出許多釉色，將麥森創作帶入一個繽紛絢爛的天地，從那時候開始麥森瓷器便成為歐洲的極品經典，在歷史上及精緻度上都有歐洲第一美瓷的榮譽。

- 經典款式：藍洋蔥系列、天鵝系列
- 價位：★★★★★
- 官網：www.international.meissen.com

經典瓷器品牌 ❷

威基伍德 *Wedgwood*

威基伍德的瓷器有著繁複華麗的花紋，結合各式各樣動植物的特徵。

威基伍德自一七五九年創立，創辦人喬賽亞．威基伍德（Josiah Wedgwood）從一個陶藝小工匠起家，今日不只成為全球居家精品的領導品牌，其兩百多年的歷史，更成為英國陶瓷工藝之都 Stoke-on-Trent 的傳奇，代表了整個英國瓷器產業的演進史。威基伍德以精緻骨瓷聞名，以透亮保溫性佳為特徵，從材質、製法到圖騰繪製，再再顯示百年品牌工藝技術的權威，不只是致力於與消費者一同創造更美好的居家生活經驗，更將百年的傳世工藝，藉午茶之美延續至今。

- 經典款式：野草莓系列、碧玉浮雕系列、絲綢之路系列
- 價位：★★★
- 官網：wedgwood.com.tw

經典瓷器品牌 ❸
斯波德 *Spode*

斯波德擅長用瓷器說故事，美麗的繪畫中隱含豐富的元素，彷彿進入繪本世界。

斯波德於一七七〇年由喬塞亞．斯波德（Josiah Spode）創立。他完成了兩個英國陶藝品上最重要的產品「手拉坯未上釉轉印法」（也稱銅版轉印法）及「量產精緻骨瓷」，而著名的 Blue Room 系列收藏了各種生活型態的圖樣，從花卉、人物、動物到著名景點等，設計師將這些圖案巧妙結合在同一個畫面中，並透過所擅長的藍白色彩，把英國的人文風情表現在瓷具上，用瓷器說故事帶出生動的寓意。此系列從十八世紀開始，完美結合繪畫藝術與燒瓷工藝，延續至今依然優雅不俗。

- 經典款式：義大利藍系列、藍廳系列、手繪系列
- 價位：★★★
- 官網：www.spode.co.uk

經典瓷器品牌 ❹

皇家阿爾伯特 *Royal Albert*

皇家阿爾伯特的玫瑰圖樣，絕美動人，是英式風格的經典象徵。

創立於一八九六年的皇家阿爾伯特，創建者因為對英國皇室的喜愛，特別以維多利亞女王的丈夫——阿爾伯特親王的名字命名。創立第二年就被選為維多利亞女王在位六十周年紀念瓷器。並在一九〇四年得到皇家的稱號。其優雅的線條，鮮豔的顏色，經典的英國玫瑰花紋，是所有女性浪漫的夢想，成為英國王室的御用餐具，並有戴安娜王妃最愛用的傳聞。經典款式是從維多利亞時代的英國鄉村田園中尋找靈感，優雅的玫瑰設計，已成為這品牌的標記，也令人聯想到正宗英式下午茶的風格。

- 經典款式：古老鄉村玫瑰系列、百年經典系列
- 價位：★★
- 官網：wedgwood.com./en-gb/royal-albert

經典瓷器品牌 ❺

皇家哥本哈根 *Royal Copenhagen*

皇家哥本哈根的唐草系列所使用的「群青藍」，成為品牌代表色。

皇家哥本哈根手繪名瓷於西元一七七五年由丹麥皇太后茱莉安 · 瑪莉批准贊助下成立。皇家哥本哈根瓷廠中的工匠們至今仍秉持工藝傳統，用最上等的瓷土，採高溫燒製工法，每件手繪商品經由畫師親手執筆描繪，筆觸多達千筆之上。用於許多皇家哥本哈根餐瓷的藍色唐草彩繪，為保持極佳的精確度和專注度，丹麥藍畫師花費四至六年學習其工藝技術。完成之後畫師會簽上個人簽名，再手繪上代表三個丹麥海峽的三條水波紋，這樣精緻的產品是首購手繪瓷器的最佳入門品牌。

- 經典款式：大唐草系列、蕾絲系列、丹麥之花系列
- 價位：★★★★
- 官網：royalcopenhagen.com.tw

一起沖泡紅茶吧！

親民的價格、容易沖泡的特性，讓紅茶受到喜愛很快地就遍及全球，周遊世界五大洲的紅茶融合了各國飲食習慣，也發展出多元化的飲用方式。英式奶茶聞名世界，摩洛哥紅茶與薄荷花草密不可分，印度人每天飲用加入香料以鍋子熬煮的馬沙拉奶茶，俄羅斯人最愛果醬紅茶，美國人喜歡檸檬冰茶可不亞於可樂，使用濃郁紅茶製作的台灣珍珠奶茶更晉升為國際美食。

這麼多變的美味紅茶，可別再說你只會加熱水喔！只要掌握紅茶特性，學會三種基礎泡法，包括可以品嘗紅茶原有風味的熱紅茶、啜飲清涼口感的冰紅茶、享受滑順奶香的奶茶，還能依據這三種基本茶款，再做進階的調味變化，就能天天享受悠閒的紅茶世界小旅行。

選擇茶杯小訣竅

琳瑯滿目的各種茶杯也是品味紅茶時的焦點之一，如何選擇更是一門課題，除了選擇欣賞的色彩、風格、造型之外，其實最該注意的是杯型，不同的杯型並非只是考慮美觀的視覺享受，還有適用何種茶款的學問，品飲時懂得選擇搭配運用，更能事半功倍享受品茶樂趣！

1 寬口杯適合聞香氣

杯緣明顯比杯身大許多，宛如一朵盛開的花朵般向外延伸，這樣的設計，最主要是在享用紅茶時能夠輕易聞到香氣，尤其是部分產地紅茶香味纖細，必須仰賴杯緣外翻的設計，才能快速散發香味。例如：印度大吉嶺、錫蘭汀布拉茶，都是適合使用寬口茶杯來享用的茶款。

2 窄口杯適合保溫

杯緣與杯身大小相近（呈現直桶柱狀、或杯緣微往內縮的形狀），這樣杯子也常被稱為「咖啡杯」，由於咖啡香氣強烈，不需要藉杯緣外翻就能展現香味，但咖啡最怕的就是，放涼之後所增加的苦澀味，因此需要這樣的設計來保持其溫度。同樣的道理運用在紅茶上，只要是特性濃郁易澀

3

1

2

1 寬口的茶杯是最常使用的紅茶杯，適合品味紅茶香氣。

2 窄口的茶杯適合盛裝濃郁易澀口的茶款。

3 好用的馬克杯讓飲茶更便利且生活化。

口的茶款，也適合選用這種杯型，不讓溫度快速下降導致苦澀感增加。例如：印度阿薩姆、錫蘭烏瓦茶，就比較適合使用窄口茶杯來享用。

除了以上杯型，日常生活常見的馬克杯，也是現代人飲用茶品時的方便選擇，因為深度夠、容量大、便於拿取等特色，不但有空間可添加牛奶，也適合茶包直接沖泡，更可以大口暢飲，讓飲茶更為生活化。

下午茶小學堂

新鮮的茶葉才能沖泡出風味、香氣皆佳的紅茶，未開封的茶葉通常可保存二至三年，茶包未開封可存放二年，一旦開封後最好在一、兩個月內使用完畢。開封後的茶葉不要存放冰箱，容易吸附其他食物的味道，應以密封容器存放在無光線照射且通風處，或將茶葉裝入鋁箔袋、食物保鮮袋後，再放入密封罐中保存。

基礎／熱紅茶

以呈現茶原本的風味為主，
掌握溫度與時間就能萃取出天然茶湯滋味。

美味熱紅茶的沖泡方法

熱紅茶以能夠表現紅茶質感，新鮮香氣、柔順口感的茶款為最佳的選擇。

● **推薦茶款**：印度—大吉嶺茶、錫蘭—烏瓦茶、中國—祁門茶、英式伯爵茶、帶花香的玫瑰茶

每一杯茶所需材料

● **熱水**：150cc ～ 170cc
● **茶葉量／時間**：大葉片茶葉（OP）：3 公克／ 3 分鐘
碎葉片（BOP）：3 公克／ 2 分鐘
平口袋茶（F）：1 袋／ 2 分鐘

沖泡步驟

1 將約茶壺 1/3 容量的熱水沖入壺中，加上壺蓋溫熱後倒出熱水。

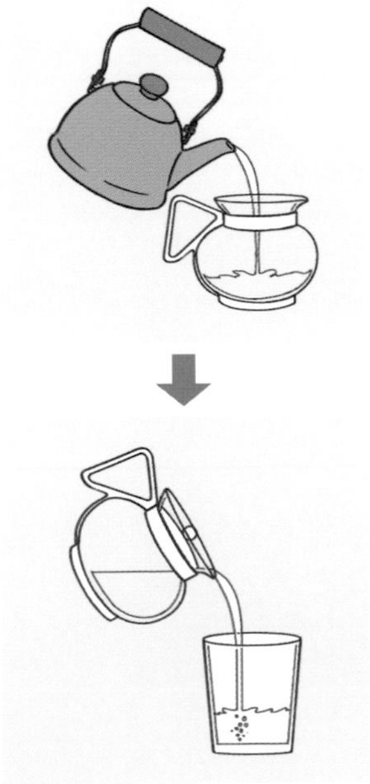

2 將茶葉放入壺中後沖入熱水加蓋靜置浸泡。

3 時間到後完全濾出茶水即可。

TIPS 若使用茶包，通常一個茶包剛好泡一杯茶，若續泡下一杯，濃度及滋味都不佳。

基礎／冰紅茶

色澤剔透的冰茶，不僅是 TeaTime 受歡迎的茶款，
更是佐餐最好的選擇。

美味冰紅茶的沖泡方法

冰茶除了有清爽暢快的魔力，清澈的茶湯也是其魅力之一，想要沖泡出澄澈透明的冰茶就必須選擇茶單寧較少的茶葉，茶湯中若所含的單寧過多，在與冰塊接觸時會產生霜化現象（茶湯呈現混濁的感覺）。不澀口、柔和的紅茶會是最佳的選擇。

- **推薦茶款：**錫蘭—汀布拉茶、印度—尼爾吉里茶、帶著果香的柑橘茶、酸甜香的莓果茶

每一杯茶所需材料

- **熱水：**100cc ～ 120cc
- **冰塊：**1 杯（200cc 杯子）
- **茶葉量／時間：** 大葉片茶葉（OP）：6 公克／ 3 分鐘
碎葉片（BOP）：6 公克／ 2 分鐘
平口袋茶（F）：2 袋／ 2 分鐘

沖泡步驟

1 將茶壺溫熱後倒出熱水。

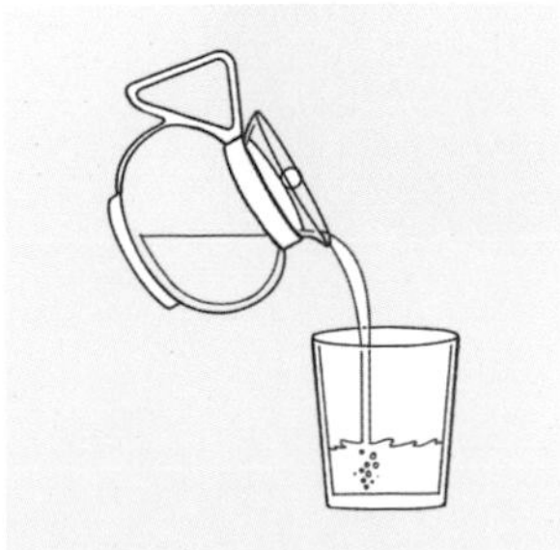

2 將茶葉放入壺中後沖入熱水，加蓋靜置浸泡。

3 時間到後濾出茶湯，倒入裝滿冰塊的杯中，快速攪拌冷卻即可。

基礎

鍋煮奶茶

味道厚實的茶款才能與香濃的鮮奶取得平衡，
展現出香醇滑口的甜美茶滋味。

美味奶茶的製作方法

奶茶美味的關鍵就是調合茶湯和鮮奶的黃金比例，以濃郁、厚實帶著甜香味的茶款為最佳的選擇。

- **推薦茶款**：印度—阿薩姆茶、錫蘭—肯地茶、焦糖茶、肉桂茶

每一杯茶所需材料

- **熱水**：200cc
- **牛奶**：180cc

砂糖適量

茶葉量／時間：大葉片茶葉（OP）：9 公克／ 5 分鐘
碎葉片（BOP）：9 公克／ 3 分鐘
平口袋茶（F）：3 袋／ 3 分鐘

沖泡步驟

1 將熱水沖入平底鍋中加入茶葉，使用微火煮 1 分鐘（大葉片 2 分鐘），讓茶葉展開。

2 加入冷鮮奶後使用小火煮 2 分鐘（大葉片 3 分鐘），加蓋並注意不讓茶湯滾開。

3 將已煮好的茶湯過濾至已溫好的茶壺中，並調入適量砂糖即可。

砂糖

TIPS 倒入牛奶後要留意茶湯的熱度，不要任其沸騰，用小火煮到溫熱（冒水蒸氣或鍋邊冒小泡泡）就可以熄火，避免奶香味轉為奶腥味。

享受一週下午茶的美好時光

無論是享用可口點心，還是欣賞美麗茶具、啜飲美味紅茶，
下午茶不僅可以獨享，也可以與人分享，以下將提供一週下午茶的建議，
你也可以依心情、目的挑選想要的組合，
或是邀請親朋好友來場有主題的下午茶之約，聯絡情誼！

Monday／茶包禮拜一

還在留戀昨天美好假期？想揮別 Blue、喘口氣，偷個閒運用簡便茶包沖杯香氣四溢的伯爵茶，加上手工核果餅乾安慰自己一下，週一不再憂鬱。

- **推薦茶品 & 點心：伯爵紅茶／手工核果餅乾**
- **美味祕訣：常見的市售茶包一個 2 公克，可依各人喜好的濃度調整熱水用量（一個茶包對應 150 ～ 200cc 熱水），重要的是，在沖泡過程中別忘了加上蓋子，除了有聚集香氣的效果，更能保持溫度不流失。**

Tuesday

寵愛禮拜二

工作最忙碌的週二，一定要適時地補充元氣，煮上一大杯香甜醇美阿薩姆奶茶和塗滿果醬奶油的美味司康餅，嘗一口，身體、心理都好滿足、暖呼呼！

- 推薦茶品 & 點心：鍋煮阿薩姆奶茶／果醬奶油司康
- 美味祕訣：如果沒有太多時間可以講究地使用鍋煮奶茶，只要將冰涼的鮮奶放至室溫，再加入雙倍濃度的紅茶湯中（2 個茶包對應 150 ～ 200cc 熱水），就能輕鬆享受爽口的美味奶茶。

Wednesday 淑女禮拜三

女孩兒們專屬的小週末，下午茶當然要帶點優雅氣氛，五彩繽紛、漂亮的冰水果茶（Fruit Tea）配上一樣美麗的英式茶佛，心情也彩虹。

- 推薦茶品 & 點心：冰水果茶／英式茶佛
- 美味祕訣：冰紅茶加入當季水果，就形成美味的水果茶，無論是單品水果，或是 2 ～ 3 種以上的水果，可依個人喜好選擇。也可以嘗試以果汁入冰茶，仿照雞尾酒的概念製作冰水果茶。

Thrusday／窈窕禮拜四

美麗的妳總是努力運動、勤護膚，準備一壺花草茶（Herb Tea）─玫瑰花茶搭配低熱量茶凍，為身體也做個 SPA 吧！享受 Tea Time 就是妳健康美麗的應援祕方。

- 推薦茶品 & 點心：花草茶─玫瑰花茶／茶凍
- 美味祕訣：花草茶又稱草本茶，利用新鮮或乾燥的花、葉子、種子加入熱水浸泡，除了享受花草清新香氣，更能期待其保健作用，玫瑰花瓣、紫羅蘭、薄荷、檸檬草等都是常見調味用香草。

Friday／約會禮拜五

今天要與心愛的他見面，茶酒（Wine Tea）與巧克力帶著些許微醺的甜蜜滋味，充滿戀愛浪漫元素，彼此感情更加溫。

- 推薦茶品 & 點心：茶酒—紅酒茶／巧克力
- 美味祕訣：紅茶與酒類混搭，會創造出驚喜好口感與香氣，無論是紅酒、伏特加、威士忌、白蘭地或萊姆酒，紅茶幾乎可與任何酒類搭配，記得要趁熱入口，風味最好！

Saturday

派對禮拜六

等不及要跟好姐妹分享這週買的新衣、昨天的那場電影，準備 Joan 愛的司康；Mickey 喜歡的蛋糕、Susan 愛奶茶……嘰嘰喳喳的一下午也不夠聊，姊妹們的 Tea Party 好開心！

- 推薦茶品 & 點心：大吉嶺紅茶、錫蘭紅茶／各種甜鹹點
- 美味祕訣：與朋友歡聚談天最好多準備一款雙倍濃度的濃縮紅茶湯，濃縮紅茶湯除了可以添加牛奶，做成奶茶享用之外，更可以直接調入適量熱水，還原成一般濃度的茶湯，這樣就能更快速方便地準備好紅茶，無須中斷話題，聊個開心吧！

Sunday

團圓星期日

精彩充實的一週當然不能少了親愛的家人，趁著陽光耀眼的晴朗好天氣，選在郊外、或在陽台準備闔家歡樂的 Picnic Tea，一起來野餐。

- 推薦茶品 & 點心：印度阿薩姆、錫蘭紅茶／各種甜鹹點
- 美味祕訣：雖然紅茶具有搭配各種食物的特性，但不同的紅茶溫度也會影響食物風味，濃度厚實的熱紅茶，可以去除肉類食物的油膩感；滑潤口感的微溫紅茶，則是突顯甜點滋味的好搭擋；香氣清新的冰紅茶，便是夏天暢快享受爽口餐點的最佳選擇。

特別日子的
療癒系紅茶

你也有過這樣的經驗嗎？心情不好做什麼都提不起精神？
工作壓力大一直覺得煩躁？翻來覆去就是睡不好？
這種時候除了做做體操、散散步，
再來一杯溫暖身心的美味紅茶，寵愛自己一下。

好朋友來的時候

薑汁紅茶

女孩們最頭痛的就是每個月「好朋友」來時的各種症狀了，這時候保持身體溫暖放鬆是最重要的事。在熱紅茶中添加一些加糖熬製的薑泥，就是一杯熱呼呼的薑汁紅茶，清新香甜又暖身，是每個女孩最貼心的閨中密友。

美味祕訣

將 100 公克的嫩薑打成薑汁後，加上 50 公克的黃砂糖以小火熬煮成蜜糖薑泥，放涼後冷藏。剛沖泡好的熱紅茶倒入杯中，再加上一大匙蜜糖薑泥攪拌享用，立即感受暖身的效果。

TIPS 可以加入 5 顆小荳蔻一起熬煮，讓薑泥香氣更迷人。蜜糖薑泥可冷藏存放約兩週。

心情低落的時候／肉桂奶茶

工作或課業忙碌、不順心提不起勁的時候，暫時離開戰場，喘口氣為自己煮一壺肉桂奶茶吧！自古以來肉桂就是放鬆心情的經典藥方，再搭配甜香的奶茶，讓人感覺好幸福。

美味祕訣

將 100 公克的嫩薑打成薑汁後，加上 50 公克的黃砂糖以小火熬煮成蜜糖薑泥，放涼後冷藏。剛沖泡好的熱紅茶倒入杯中，再加上一大匙蜜糖薑泥攪拌享用，立即感受暖身的效果。

方法1 鍋煮肉桂奶茶

方法2 沖泡肉桂奶茶

睡不好的時候

玫瑰花茶

翻來覆去睡不好？那麼喝一杯優雅美麗的玫瑰花茶吧！不僅養顏美容，天然玫瑰的多酚茶香氛還可以安定心神助眠，Have a beautiful dream！

美味祕訣

製作基礎熱紅茶時將玫瑰花一起沖泡，濾出茶湯後，可調入蜂蜜，製成玫瑰蜜香茶更加甜美好喝。

TIPS 除了玫瑰之外，洋甘菊、薰衣草也具有舒壓助眠的作用，可以與玫瑰替換，嘗試不同風味的混調茶。

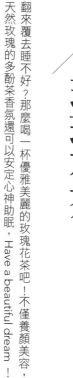

Tea Time Column

一起來辦家庭派對！

在家舉辦慶祝茶會，不需太多技巧、準備些美味飲品與小點，就是充滿歐式風情的家庭 party，享受輕鬆悠閒時刻真的很容易！

創造餐桌和諧感的小技巧

首先要準備餐具，沒有這麼多成套的茶具餐具怎麼辦？其實只要選擇色調相近的餐具就可以了，不過，如果連色調相近都很難取得的話，那麼就在桌子中央等距，放上兩個同一色系的花卉來串連餐桌的統一感吧！另外，善用些充滿回憶的小道具，例如：阿姨結婚時的喜餅盒，鋪上紙巾裝餅乾，姐姐大學時代的舊馬克杯拿來插花，這些充滿回憶的懷舊道具就是開啟話題的溫馨製造機，除了滿足味蕾也享受專屬的溫暖回憶。

一定受歡迎的茶會點心與飲品

派對中，點心是很重要的一環，最大的原則就是方便食用，像是不沾手的三明治、鹹派、起司球，或是小朋友最愛的薯條再配上營養均衡的蔬菜棒，而不用特別處理的葡萄、草莓、香蕉等水果都是很好的選擇。甜點可以準備一款濃郁的巧克力蛋糕、一款微酸的覆盆莓塔加上爽口滑溜的布丁，不用一身油膩就能呈現滿滿一桌的美味。

接下來是飲品，如果可以準備一款熱紅茶、一款紅酒以及氣泡飲料，再放上牛奶跟糖罐就很完整了。

這麼豐盛擺不下怎麼辦？把小桌子併起來，或者高低不同的桌子做漸層排列，另外桌子上的餐具也能疊高使用，例如：在大盤子上放大碗，大盤子邊緣可放置餅乾、迷你水果塔，而疊上的深碗就可以多放些水果，有效利用桌面空間。

很簡單對嗎？選一個假日為家人溫馨辦桌吧！

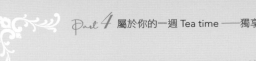

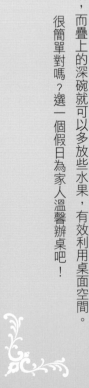

附錄1 常見紅茶特色說明表

產地茶		產地	特色	其他
印度 India	大吉嶺 Darjeeling	印度—喜馬拉雅山脈險峻的斜面山坡地	●茶色為清透的黃橘色，清新的花草香氣，近似烏龍茶的味道，除了看起來清透的黃橘色之外，喝起來爽口高雅的味道而被稱為「紅茶中的香檳」。 ●3～4月春茶，5～6月夏茶，9月秋茶，大多以中國種茶樹栽種，比起春茶，在夏天日照較強、生長的茶葉味道也較濃郁。 ●得天獨厚的地理風土環境，大吉嶺地區莊園林立各種品牌，以製法、地理特性，發展出差異化極大、個性迥異的莊園大吉嶺茶，這也是目前最高規格的紅茶。	●大吉嶺是從中國移植的茶苗到印度的試驗地之一，由於是唯一重現英國人夢寐以求、移植茶樹成功的地方，大吉嶺茶被喜愛的程度可見一斑。 ●大吉嶺也是早期英國人避暑居住地，所以擁有許多俱樂部及英式風格的建築物，深具歷史氣息。 ●世界三大茗茶之一。 ★適合：原味茶、冰茶
	阿薩姆 Assam	印度的東部有一條全長2900公尺的巨大河川從中跨越東西兩邊約700公尺的廣闊平原就是阿薩姆產地	●茶色為土紅褐色，像番薯皮的氣味，也像秋天帶著水氣的落葉的香氣，口感味道濃郁。 ●3～12月均可採收，黃金產期為5～6月底，英國的硬水特別適和沖泡味道厚實的阿薩姆茶，產量大且價格便宜也讓它受到更多人喜愛。	●是世界最大的紅茶產地、現代化的大型製茶工廠到處林立，產量占印度的1/2。 ●1823年英國人布魯斯羅伯特在此發現野生茶樹，從此阿薩姆成為紅茶重要產區。 ★適合：原味茶、奶茶

產地茶		產地	特色	其他
印度 India	**尼爾吉里** Nilgiri	印度南邊的丘陵地帶	●茶色為透明鮮紅色，香氣為一般混調紅茶味，口感滑順。 ●一年四季均可採收。黃金產期為12～1月。	沒有太具個性的味道是應用於混調茶最好的素材。 **★適合：原味茶、冰茶**
斯里蘭卡（錫蘭） Sri Lanka（Ceylon）	**努瓦拉伊利亞** Nuwara Eliya	斯里蘭卡（錫蘭）標高1800公尺以上、日夜溫差大的山坡地	●茶色為淡黃橘色，味道重稍帶澀味。 ●黃金產期為1～2月。	●在英國殖民地時代就是英國人的避暑勝地，現在仍留下許多高爾夫球場、賽馬場、英式風格的建築物。 ●因為只有七個茶園，產量極少，總產量不到斯里蘭卡（錫蘭）總生產量的5%，相對價格偏高。 **★適合：原味茶、冰茶**
	烏瓦 Uva	斯里蘭卡（錫蘭）中央高地的東側斜標高1400～1600公尺的高地茶	●深紅的茶色在杯緣產生發亮般的金色光圈是其特色，滋味濃郁澀味重，卻有薄荷般清爽花草香。 ●黃金產期為7～8月。	●知名的立頓紅茶在此茶產地購置茶園生產茶葉，並以「從茶園直接到顧客的茶壺」為廣告因而聲名大噪。以科學化的方法來栽種茶樹，管理茶園，很快就成為其他茶產地的學習對象。 ●世界三大茗茶之一。 **★適合：原味茶、奶茶**
	汀布拉 Dimbula	斯里蘭卡（錫蘭）中央高地的西側斜坡標高1150公尺的高地茶	●茶色為深紅橘色，清爽草香，適中的香味、適中的澀味，就像是紅茶範本一樣。 ●一年四季均可採收，品質相當穩定。	●汀布拉是斯里蘭卡（錫蘭）最晚開發的茶園，藉由其他的成功經驗規劃開發的茶園。 ●除了現代化製茶工廠之外，針對茶葉的研究，改良的實驗室也都在此處設立，是一個進步、現代化的產茶區域。 **★適合：原味茶、冰茶**

產地茶		產地	特色	其他
斯里蘭卡（錫蘭） Sri Lanka（Ceylon）	**肯帝** Kandy	斯里蘭卡（錫蘭）中部400～600公尺的山岳地帶的中地茶	●茶色為土褐偏紅色，帶著甘甜香氣、味道像柔和的阿薩姆一般。 ●一年四季均可採收。	斯里蘭卡（錫蘭）的古都，在原本種植的咖啡樹得病變全滅後，1857年開始栽培茶樹，是斯里蘭卡（錫蘭）最早開始種紅茶的地區。 ★適合：原味茶、奶茶
	魯芙那 Ruhuna	斯里蘭卡（錫蘭）南部的低地茶	●茶色為深褐色，香氣帶著少許煙燻味，口感較重。 ●一年四季均可採收。	溫熱多雨，地勢低的生長環境，使魯芙那的產量大且價格低廉，常用來製作混調茶，是在世界各國流通量甚高的茶品。 ★適合：原味茶、奶茶
中國 China	**祁門** Keemun	中國安徽省與江西省交界之黃山山脈	●清爽的煙燻氣味，口感溫潤。 ●產季為6～9月，此地夏天很熱雨量豐沛（一年約有200天下雨）靠近山脈的地方非常容易產生霧氣，很適合茶樹的生長。	●在中國生產製作，也延續中國茶的特色，香氣高雅、口感溫潤。 ●世界三大茗茶之一。 ★適合：原味茶、冰茶
	正山小種 Lapsang Souchong	中國福建省	以松木精油薰香而成，濃郁的木香味是深受歐洲人喜愛的神祕香氣，調製成奶茶別有一番風情。	「正山小種」之名源自於強調此產地驕傲的種茶歷史，意思是：正武夷山之小種紅茶，是中國最早揚名歐洲的茶產地。 ★適合：原味茶、奶茶

原味混調茶	產地	特色	其他
英式早餐茶 English Breakfast Tea	大多以印度或斯里蘭卡產地茶混調	厚實的基底茶加上濃郁的滋味，不論是餐點中去油解膩，或是添加鮮奶享用都非常適合，是英式早餐中必出現的茶款。	冠上英式之名讓人感受純正英國風，也是初學英國茶最簡單入手的茶品之一。 ★適合：原味茶、奶茶
斯里蘭卡（錫蘭）混調茶 Sri Lanka（Ceylon）Blend Tea	斯里蘭卡	口感滑順、無特殊香氣，單純的紅茶滋味、不膩口。	可說是亞洲人最熟悉的紅茶滋味，無須大傷腦筋，是任何時段都適合品嘗的生活紅茶。 ★適合：原味茶、冰茶、奶茶

風味混調茶	產地	特色	其他
伯爵茶 Earl Grey Tea	從前大多依照傳統採用中國產地紅茶為底茶，現今各家廠牌採用獨特自家混調茶為底茶	茶色多為亮橘紅色，清爽佛手柑橘香氣，表現出紅茶特有韻味，口感滑順清爽，適合每一種飲用方式。	最早由名為葛雷伯爵的英國外交使節，將中國茶加入佛手柑精油薰香調味而成的配方，從此以伯爵茶之名揚名世界。 ★適合：原味茶、冰茶、奶茶
玫瑰茶 Rose Tea	大多以斯里蘭卡或中國紅茶做為基底紅茶	以玫瑰花精油薰香而成，添加玫瑰花瓣讓茶品更添優雅浪漫氣息，是受到女孩們喜愛的茶款。	★適合：原味茶、冰茶、奶茶
印度—馬沙拉茶 India Masala Tea（茶伊 Chai）	印度茶	以濃郁的印度茶碎為基底茶，調入各式各樣的香料，常見的有薑、小荳蔻、丁香、肉桂等，混調香料不但味道層次豐富，還有溫暖身體的效果，可以稱得上是美味又養身的茶款。	馬沙拉就是印度語「各式各樣香料」的意思，對於當地人來說飲用馬沙拉奶茶是每天充滿元氣的生活必需品。 ★適合：奶茶

附錄2 紅茶搭配大師——與各種食材的搭配指南

溫潤 → 濃郁 → 濃

	中國—祁門（木質香氣）	伯爵（佛手柑香氣）	錫蘭—烏瓦	印度—阿薩姆	英式早餐茶
	B、I	B、I	B	B	▲
	B👍、I	B、IM	B👍、M	B、M	B、M👍
	B、M	B、M👍	B👍、M👍	B👍、M👍	B、M👍
	B、M	B、M👍	B、M	B👍、M	B、M
	B👍	▲	B	B	▲
	B	B	B👍、M	B👍、M	B、M
	I	▲	B	B	▲
	B、I	B、M、I	B、M	B、M	B、M
	B	B	B👍	B👍	B
	B	B	B、M	B👍、M	B、M

B 原味茶　M 奶茶　I 冰茶　IM 冰奶茶　👍 最佳搭配　▲ 不建議搭配

點心／茶品		爽口 印度大吉嶺	爽口 錫蘭混調茶
油脂成分較少的爽口點心 和菓子、軟糖、戚風蛋糕、蔬菜三明治		B👍、I	B👍、I👍
奶油成分較多的點心 奶油餅乾、奶油蛋糕、司康		B👍	B、IM👍
鮮奶油成分多的點心 鮮奶油蛋糕、泡芙（卡士達鮮奶油）		▲	M
巧克力甜點		B	M
煙燻肉品、火腿		▲	B
起司		▲	B
海鮮		▲	B👍
三明治、麵包		B	B、I
油炸點心		▲	▲
辛香料（咖哩）		▲	▲

英式下午茶的慢時光〔全新增訂版〕
維多利亞式的紅茶美學 × 沖泡美味紅茶的黃金法則

作　　者　楊玉琴（Kelly）
封面設計　mollychang.cagw
內頁排版　簡至成
攝　　影　子宇工作室·張緯宇、林宗億
插　　畫　意想數位
行銷企劃　林瑀
行銷統籌　駱漢琦
業務發行　邱紹溢
責任編輯　賴靜儀
總 編 輯　李亞南
發 行 人　蘇拾平
出　　版　漫遊者文化事業股份有限公司
地　　址　台北市松山區復興北路331號4樓
電　　話　(02) 2715-2022
傳　　真　(02) 2715-2021
服務信箱　service@azothbooks.com
臉　　書　www.facebook.com/azothbooks.read
營運統籌　大雁文化事業股份有限公司
地　　址　台北市松山區復興北路333號11樓之4
劃撥帳號　50022001
戶　　名　漫遊者文化事業股份有限公司

初版1刷　2021年5月
定　　價　台幣380元
ISBN　978-986-489-468-0

國家圖書館出版品預行編目 (CIP) 資料

英式下午茶的慢時光〔全新增訂版〕：維多利亞式的紅茶美學x 沖泡美味紅茶的黃金法則/ 楊玉琴Kelly著. -- 二版. -- 臺北市 : 漫遊者文化事業股份有限公司, 2021.05 136 面 ; 17×23 公分
ISBN 978-986-489-468-0(平裝)
1. 茶葉 2. 文化 3. 英國
481.64　　110006163